反窃电典型案例汇编

反窃电典型案例汇编

程超　崔威　主编

河北大学出版社
·保定·

反窃电典型案例汇编

出 版 人：朱文富
选题策划：杨显硕
责任编辑：马　敏
装帧设计：张彦琪
责任校对：冯博楠
责任印制：闻　利

图书在版编目（CIP）数据

反窃电典型案例汇编 / 程超，崔威主编．-- 保定 ：河北大学出版社，2020.12
ISBN 978-7-5666-1724-8

Ⅰ．①反… Ⅱ．①程… ②崔… Ⅲ．①用电管理－案例－中国 Ⅳ．①TM92

中国版本图书馆 CIP 数据核字 (2020) 第 232246 号

出版发行：河北大学出版社
地址：河北省保定市七一东路 2666 号　邮编：071000
电话：0312-5073019　0312-5073029
邮箱：hbdxcbs818@163.com　网址：www.hbdxcbs.com
经　　销：全国新华书店
印　　刷：河北纪元数字印刷有限公司
幅面尺寸：148 mm × 210 mm
印　　张：3.375
字　　数：54 千字
版　　次：2020 年 12 月第 1 版
印　　次：2020 年 12 月第 1 次印刷
书　　号：ISBN 978-7-5666-1724-8
定　　价：20.00 元

《反窃电典型案例汇编》编写人员名单

主　　编：程　超　崔　威

副 主 编：吴一敌　刘　凯　王　浩

编写人员：马　迅　刘安磊　李　鹏　赵郭燚
贾旭超　郭　威　贺治国　葛　维
张亚炜　何勇亮　常泽婷　李　涛
李　萌　刘　晶　李云亮　刘英建
刘金亮　梁　静　李嘉恒　李慧娟
陈旭建　乔　磊　王　虎　王双洋
陈　钢　侯李志　王亚楠　王卓勇
徐　亮　于江厅　于洪作　杨立军
杨彦红　袁胜辉　张　迪　张文川
张庆汉　赵　亮　郑振华　贾卫星
李　鹍　桑晓秋　高国梁　叶坤荣
左亚飞

序 言

窃电是指在电力供应与使用中，用户采用秘密窃取的方式非法占用电能，以达到不缴或少缴电费用电的行为。《供电营业规则》第一百零一条明确规定了禁止窃电行为。《电力供应与使用条例》明确规定盗窃电能是违法行为，构成犯罪的，将追究刑事责任。2018 年修正后《中华人民共和国电力法》（以下简称《电力法》）第七十一条明确规定了盗窃电能是违法行为，构成犯罪的，将追究刑事责任。同时，根据《中国人民共和国刑法》（以下简称《刑法》）相关规定按照盗窃数额的大小或其他情节的轻重，分别处以三年以下有期徒刑、拘役或者管制，并处或者单处罚金；处三年以上十年以下有期徒刑，并处罚金；处十年以上有期徒刑或者无期徒刑，并处罚金或者没收财产。

为遏制日益严重的窃电行为，进一步强化反窃电工作开展，国家电网河北电力营销部组织编写了《反窃电典型案例汇编》一书。本书列举了近年来河北电网各地市查处的典型窃电案例，为一线用电检查人员发现、分析窃电线索，现场开展检查工作提供指导及经验，拓展一线用电检查人员的工作思路。

本书按照窃电手法、现场核查过程、处罚窃电行为以及案件点评的编写顺序，为反窃电技术人员以及一线稽查员工提供了具体的、图文并茂的典型案例，通俗易懂，实用性强，实现典型案例共享、经验推广，持续提升国家电网河北省电力公司反窃电工作的效率，依法维护正常的供电营业秩序，保障公司的合法经营权益。同时，劝诫广大电力客户在保证自身合法用电权益的情形下，依法依规安全用电。

由于时间紧迫，经验不足，水平和资料有限（案例图片是用电检查人员在执法现场用执法记录仪拍摄，分辨率较低）虽经反复修改，仍有疏漏和不妥之处，恳请读者批评指正。

目　录

第一章　电能表内部私自短接窃电

案例一　表内加装 U 型环，开盖记录抓窃电

【案件基本情况概述】

某供电公司通过用电采集系统，发现某用户电能表有开表盖记录，且零火线电流不平衡。用电检查人员现场检查发现用户使用金属线短接表内火线进出线接线端子，属于故意破坏用电计量装置使其不准或失效的窃电行为。

一、事件起因

某供电公司用电检查人员通过用电采集系统对开盖异常、电流不平衡的电能表进行筛查，发现某用户电能表零火线电流不平衡，该用户存在窃电嫌疑。

二、检查经过

用电检查人员到现场进行核查，检查电能表外观，发现该电能表铅封存在异常；电能表显示零火线电流不平衡，使

用钳形电流表实测零火线电流，发现火线测量电流明显大于电能表显示电流，零线电流相同，初步判定属于表内火线分流窃电。

随后用电检查人员通知用户到场，开盖后发现表内火线进出线接线端子用金属线短接，造成电流不平衡，导致少计电量。

用电检查人员现场拍照取证并出具违约窃电通知书，该用户承认其窃电行为并签字确认。

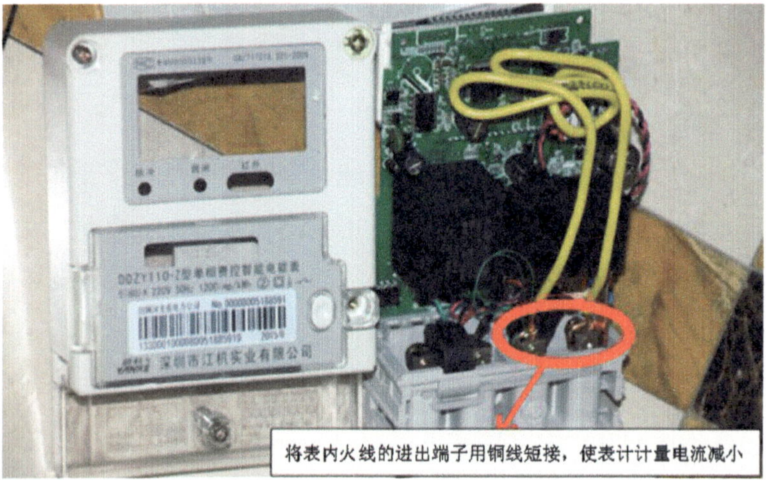

图 1-1-1　检查现场及窃电点

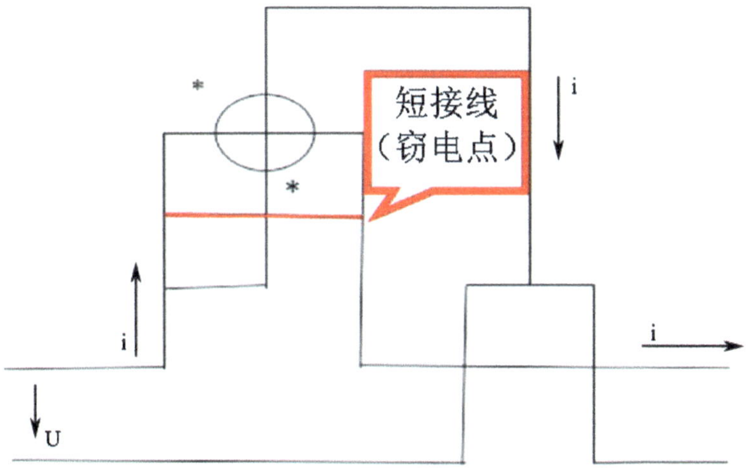

图 1-1-2　窃电电路图

三、案件处理结果

供电公司对该用户追补电费及违约使用电费共计 1.43 万元。

四、处理依据

依据《供电营业规则》第一百零一条第三款规定，伪造或者开启供电企业加封的用电计量装置封印用电。

依据《供电营业规则》第一百零一条第四款规定，故意损坏供电企业用电计量装置。

依据《供电营业规则》第一百零一条第五款规定，故意使供电企业用电计量装置不准或者失效。

依据《供电营业规则》第一百零二条规定，供电企业对查获的窃电者，应予制止并可当场中止供电。窃电者应按所窃电量补交电费，并承担补交电费三倍的违约使用电费。拒绝承担窃电责任的，供电企业应报请电力管理部门依法处理。窃电数额较大或情节严重的，供电企业应提请司法机关依法追究刑事责任。

五、案件点评

本案例窃电用户采用短接电能表内火线进出端子分流，窃电方式表现为单相电能表零火线电流不平衡，需破坏或伪造电能表封印，用电采集系统检测存在开盖记录。该窃电行为符合窃电具备的四要件：（1）主体要件：用户，包括个人和单位。（2）主观方面要件：故意。（3）客观要件：供用电正常秩序。窃电行为破坏了正常的供用电秩序。（4）客观方面要件：窃电行为（采取秘密窃取的方式）。[①] 其属于《供电营业规则》禁止的窃电行为。

用电检查人员使用营销业务应用系统及用电采集系统，分析用户零火线电流及历史电量，锁定窃电嫌疑用户。用电检查人员现场开表须有户主等相关人员在场，并留存完整影像资料。

---

① 参见赵全乐主编《线损管理手册》，中国电力出版社 2007 年版，第 252 页。本书所有“案例点评”部分的“窃电具备的四要件”内容均参考《线损管理手册》，下文不再注释。

案例二　表内短接电流线，异常报警要关注

【案件基本情况概述】

某供电公司用电检查人员通过营销业务应用系统和用电采集系统发现某用户存在每月用电量较小、零火线电流不平衡的异常现象。用电检查人员锁定嫌疑用户后开展现场检查，发现用户使用铜丝将表内计量单元短路，属于故意破坏用电计量装置使其不准或失效的窃电行为。

一、事件起因

某供电公司监测到用电采集系统中某用户用电异常报警，异常类型为电能表开盖。用电检查人员随即通过营销业务应用系统查询发现该用户用电量近期明显减少，通过用电采集系统透抄电能表信息，发现零火线电流不平衡，怀疑该用户存在窃电行为，需进一步现场检查确认。

二、检查经过

用电检查人员到达现场后，发现电能表显示零火线电流不平衡，且电流值和差值都较小。检查人员随即增加负荷并用钳形电流表测量零火线电流，发现火线测量电流明显大于电能表显示电流，零线电流相同，初步判断为破坏电能表内部结构窃电。检查人员通知用户到场，拆开电能表后发现计量单元被铜丝短路，属于窃电行为。用电检查人员现场拍照取证并出具违

约窃电通知书，该用户承认其窃电行为并签字确认。

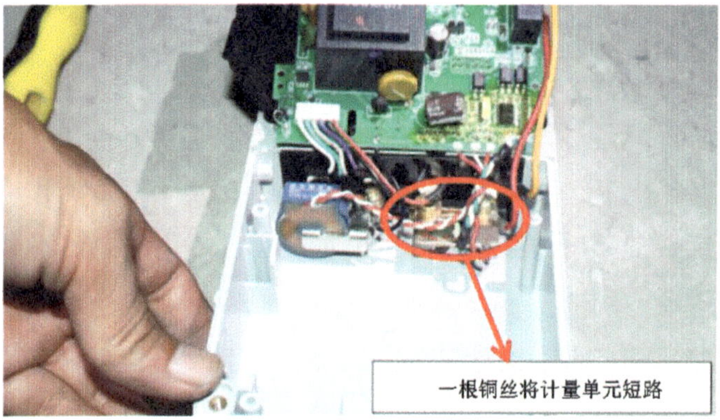

图 1-2-1　电能表内部图

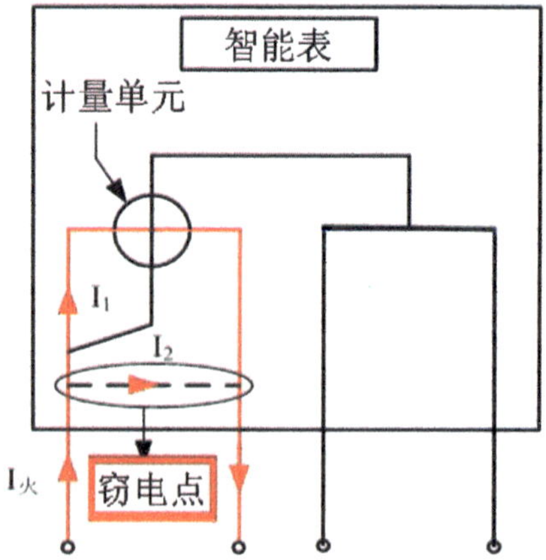

图 1-2-2　窃电电路图

三、案件处理结果

供电公司对该用户追补电费及违约使用电费共计 0.6 万元。

四、处理依据

依据《供电营业规则》第一百零一条第三款规定，伪造或者开启供电企业加封的用电计量装置封印用电。

依据《供电营业规则》第一百零一条第四款规定，故意损坏供电企业用电计量装置。

依据《供电营业规则》第一百零一条第五款规定，故意使供电企业用电计量装置不准或者失效。

依据《供电营业规则》第一百零二条规定，供电企业对查获的窃电者，应予制止并可当场中止供电。窃电者应按所窃电量补交电费，并承担补交电费三倍的违约使用电费。拒绝承担窃电责任的，供电企业应报请电力管理部门依法处理。窃电数额较大或情节严重的，供电企业应提请司法机关依法追究刑事责任。

五、案件点评

本案例窃电用户采用表内导线短接计量单元分流，窃电方式表现为单相电能表零火线电流不平衡，需破坏或伪造电能表封印，用电采集系统存在开盖记录。该窃电行为符合窃电具备的四要件：（1）主体要件：用户，包括个人和单位。（2）主观方面要件：故意。（3）客观要件：供用电正常秩序。窃电行为破坏了正常的供用电秩序。（4）客观方面要件：窃电行为（采取秘密窃取的方式）。其属于《供电营业规则》禁止的窃电行为。

用电检查人员使用营销业务应用系统及用电采集系统，分析用户零火线电流及历史电量，锁定窃电嫌疑用户。用电检查人员现场开表须有户主等相关人员在场，并留存完整影像资料。

案例三　表内加装短路环，分析仪器功能强

【案件基本情况概述】

某供电公司治理高损台区，使用台区用电分析仪锁定窃电嫌疑用户。用电检查人员现场查处该用户在电能表火线的进出线处加装短路环，属于故意破坏用电计量装置使其不准或失效的窃电行为。

一、事件起因

某供电公司开展高损台区治理工作，发现某台区线损偏高，线损率为9.18%，将该台区列为降损查窃重点台区。供电公司使用台区用电分析仪对该台区进行巡检，发现某用户的电能表存在开盖记录，开盖时长为11分45秒，且零火线电流严重不平衡，存在窃电嫌疑。

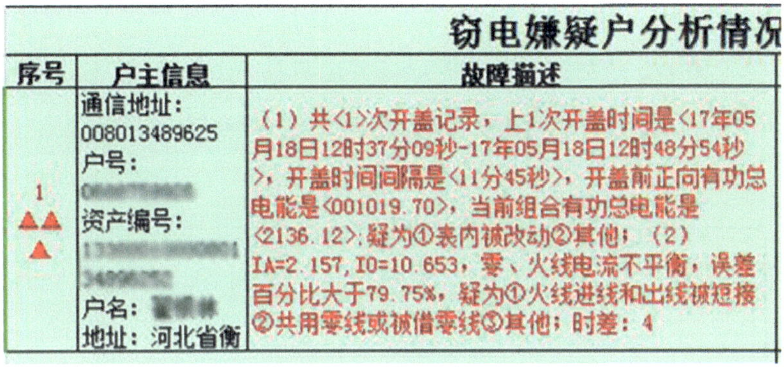

窃电嫌疑户分析情况

序号	户主信息	故障描述
1 ▲▲▲	通信地址：008013489625 户号：[illegible] 资产编号：[illegible] 户名：[illegible] 地址：河北省衡	（1）共<1>次开盖记录，上1次开盖时间是<17年05月18日12时37分09秒-17年05月18日12时48分54秒>，开盖时间间隔是<11分45秒>，开盖前正向有功总电能是<001019.70>，当前组合有功总电能是<2136.12>；疑为①表内被改动②其他；（2）IA=2.157，I0=10.653，零、火线电流不平衡，误差百分比大于79.75%，疑为①火线进线和出线被短接②共用零线或被借零线③其他；时差：4

图 1-3-1　异常嫌疑用户

二、检查经过

用电检查人员到达现场后，随即联系该用户到场并开展检查。该用户电能表外观完好，接线正确无松动，检查人员详细查看电能表耳封及合格封印，发现有外力破坏痕迹。用电检查人员测量火线电流与电能表显示电流不一致，怀疑该用户私自改动电能表内部结构；现场拆表开盖检查，发现表内火线的进出线被铜线短接，属于故意破坏用电计量装置使其不准或失

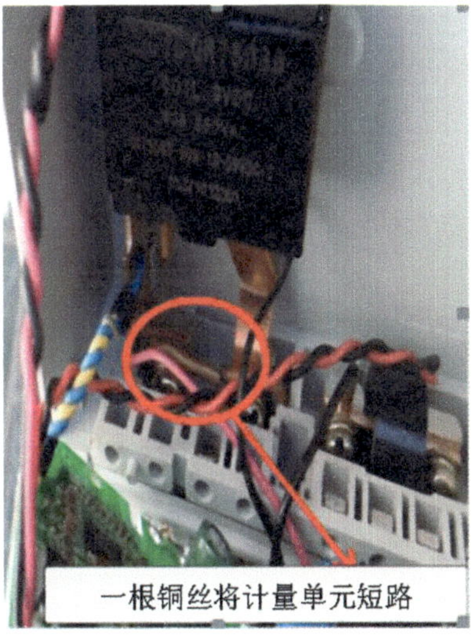

图 1-3-2　电能表内部线路

效的窃电行为。

用电检查人员现场拍照取证并出具违约窃电通知书，该用户承认其窃电行为并签字确认。

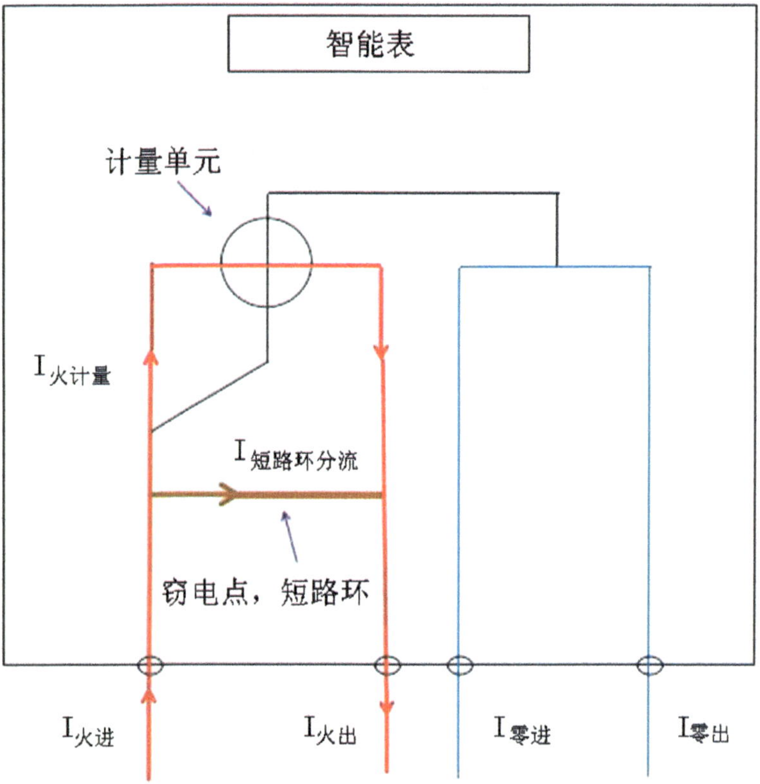

图 1-3-3　窃电电路图

三、案件处理结果

供电公司对该用户追补电费及违约使用电费共计 1.3 万元。

四、处理依据

依据《供电营业规则》第一百零一条第三款规定，伪造或者开启供电企业加封的用电计量装置封印用电。

依据《供电营业规则》第一百零一条第四款规定，故意损坏供电企业用电计量装置。

依据《供电营业规则》第一百零一条第五款规定，故意使供电企业用电计量装置不准或者失效。

依据《供电营业规则》第一百零二条规定，供电企业对查获的窃电者，应予制止并可当场中止供电。窃电者应按所窃电量补交电费，并承担补交电费三倍的违约使用电费。拒绝承担窃电责任的，供电企业应报请电力管理部门依法处理。窃电数额较大或情节严重的，供电企业应提请司法机关依法追究刑事责任。

五、案件点评

本案例窃电用户采用表内导线短接计量单元分流，窃电方式表现为单相电能表零火线电流不平衡，需破坏或伪造电能表封印，用电采集系统存在开盖记录。该窃电行为符合窃电具备的四要件：(1) 主体要件：用户，包括个人和单位。(2) 主观方面要件：故意。(3) 客观要件：供用电正常秩序。窃电行为破坏了正常的供用电秩序。(4) 客观方面要件：窃电行为（采取秘密窃取的方式)。其属于《供电营业规则》禁止的窃电行为。

用电检查人员使用营销业务应用系统及用电采集系统，分析用户零火线电流及历史电量，锁定窃电嫌疑用户。此外，用电检查人员使用台区分析仪对高损台区内所有电能表电流信息进行监测、分析，快速锁定目标。

第二章　安装遥控装置窃电

案例一　表内加装遥控装置，分段监测排嫌疑

【案件基本情况概述】

某供电公司治理10kV高损线路，经过线损数据分析锁定窃电嫌疑用户，现场发现该用户在表内安装遥控继电器，属于故意破坏用电计量装置使其不准或失效的窃电行为。

一、事件起因

某供电公司某10kV线路2019年8月份线损率由原来的5％升高至11％，2019年9月份供电公司在该线路安装负荷监测仪，对该线路进行分段、分区域电量监控，分析每段损失电量，定位电量流失位置。经过3周数据监测、对比，发现某分支线路存在问题。

该分支线路上有4台农业综合配电变压器（以下简称“农业配变”）、1台专用变压器（以下简称“专变”）。经现场核

实，目标锁定为专变用户。用电检查人员使用用电采集系统对该用户电量、电压、电流数据分析，并且召测开盖记录，发现2019年8月3日开盖6次，该用户存在窃电嫌疑。

二、检查经过

用电检查人员现场发现电能表封印被破坏，随即通知该用户到场并开展检查。用电检查人员拆表开盖后发现电能表内安装遥控继电器用于短接电流取样回路进行窃电。

用电检查人员现场拍照取证并出具违约窃电通知书，该用户承认其窃电行为并签字确认。

图 2-1-1　电能表耳封有被撬动的痕迹

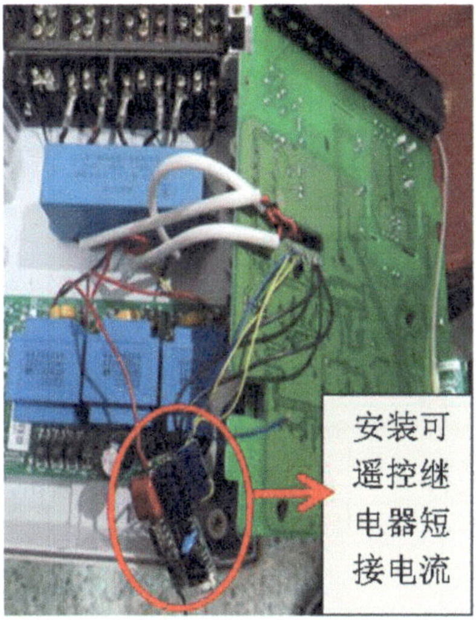

图 2-1-2　电能表内部情况

图 2-1-3　窃电元件

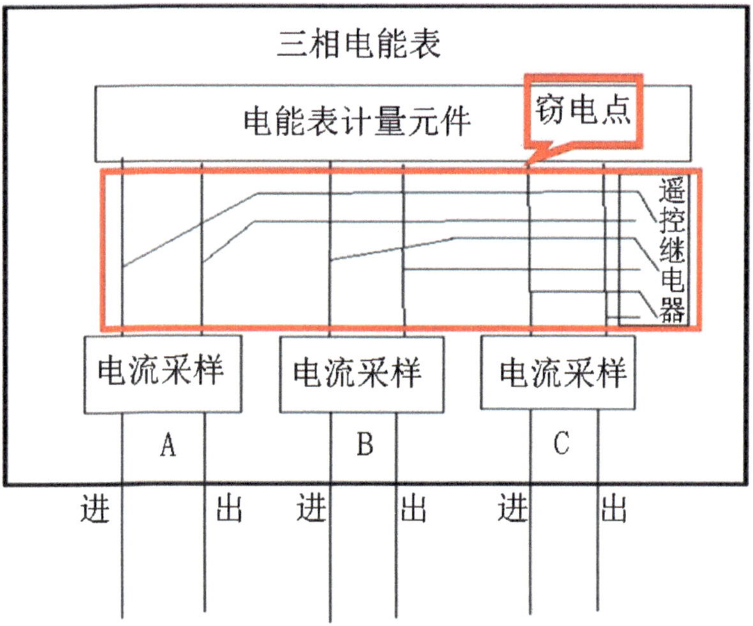

图 2-1-4　窃电电路图

三、案件处理结果

供电公司对该用户追补电费及违约使用电费共计 2.98 万元。

四、处理依据

依据《供电营业规则》第一百零一条第三款规定，伪造或者开启供电企业加封的用电计量装置封印用电。

依据《供电营业规则》第一百零一条第四款规定，故意损坏供电企业用电计量装置。

依据《供电营业规则》第一百零一条第五款规定，故意使供电企业用电计量装置不准或者失效。

依据《供电营业规则》第一百零二条规定，供电企业对查获的窃电者，应予制止并可当场中止供电。窃电者应按所窃电量补交电费，并承担补交电费三倍的违约使用电费。拒绝承担窃电责任的，供电企业应报请电力管理部门依法处理。窃电数额较大或情节严重的，供电企业应提请司法机关依法追究刑事责任。

五、案件点评

本案例窃电用户采用表内焊接遥控继电器窃电，窃电方式表现为用电采集系统存在开表盖记录，需破坏或伪造电能表封印。该窃电行为符合窃电具备的四要件：（1）主体要件：用户，包括个人和单位。（2）主观方面要件：故意。（3）客观要件：供用电正常秩序。窃电行为破坏了正常的供用电秩序。（4）客观方面要件：窃电行为（采取秘密窃取的方式）。其属于《供电营业规则》禁止的窃电行为。

用电检查人员使用营销业务应用系统及用电采集系统，根据用户用电特性分析线路或台区线损曲线、用户电量曲线，锁定窃电嫌疑对象；现场检查要仔细查看耳封、尾封、合格封印的完整情况，开表须有户主等相关人员在场，并留存完整影像资料。

案例二　数字货币新领域，用电管理要加强

【案件基本情况概述】

某供电公司的某10kV线路持续高损，用电检查人员通过线损监测系统、用电采集系统锁定窃电嫌疑用户。现场检查发现电能表内加装遥控窃电装置，短路计量电流，属于故意破坏用电计量装置使其不准或失效的窃电行为，此外还存在私增变压器违约用电的行为。

一、事件起因

某供电公司某10kV线路持续高损，线损率为11%。用电检查人员对该线路分区域逐一监测、分析，发现某高压用户所属区域的线路分支负荷及线损率波动明显，且采集终端处于离线状态，该用户存在重大窃电嫌疑，随即开展突击检查。

二、检查经过

用电检查人员到达现场后，用户拒绝开门，检查人员随即电话报警。在区刑警大队协助下，用电检查人员进入厂房检查用电计量装置，发现计量箱铅封、电能表铅封均被破坏，表内显示功率为零，对电能表开盖检查，发现表内加装了遥控装置窃电，现场有比特币挖矿机2000余台，监控电脑1台，且用户已将变压器容量私增至1000kVA。用电检查人员当场中止供电并拆除私增变压器，同时区刑警大队立案追捕窃电分子。

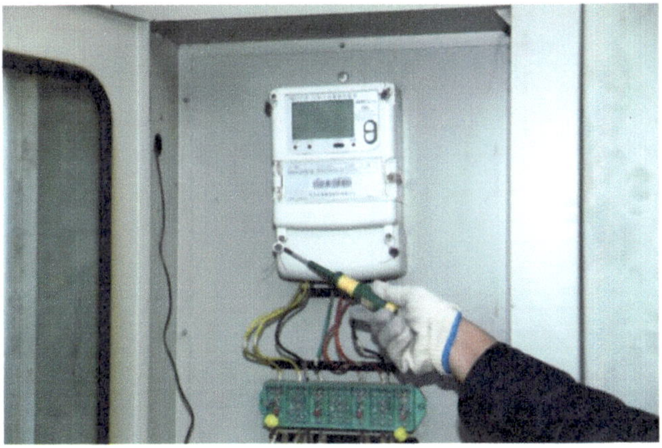

图 2-2-1　电能表铅封有明显动过痕迹

图 2-2-2　电能表内部情况

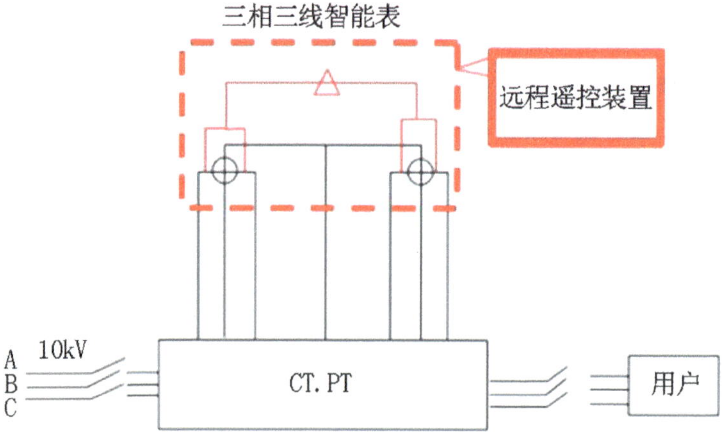

图 2-2-3　窃电电路图

图 2-2-4　窃电设备及比特币挖矿机

图 2-2-5　私自增容的 1000kVA 变压器

三、案件处理结果

目前区刑警大队已立案侦查，犯罪嫌疑人尚在追捕。

四、处理依据

依据《供电营业规则》第一百零一条第三款规定，伪造或者开启供电企业加封的用电计量装置封印用电。

依据《供电营业规则》第一百零一条第四款规定，故意损坏供电企业用电计量装置。

依据《供电营业规则》第一百零一条第五款规定，故意使供电企业用电计量装置不准或者失效。

依据《供电营业规则》第一百零二条规定，供电企业对查获的窃电者，应予制止并可当场中止供电。窃电者应按所窃电量补交电费，并承担补交电费三倍的违约使用电费。拒绝承担窃电责任的，供电企业应报请电力管理部门依法处理。窃电数额较大或情节严重的，供电企业应提请司法机关依法追究刑事责任。

依据《电力法》第七十一条规定，盗窃电能的，由电力管理部门责令停止违法行为，追缴电费并处应交电费五倍以下的罚款；构成犯罪的，依照刑法有关规定追究刑事责任。

依据《刑法》第二百六十四条规定，盗窃公私财物，数额较大的，或者多次盗窃、入户盗窃、携带凶器盗窃、扒窃的，处三年以下有期徒刑、拘役或者管制，并处或者单处罚金；数额巨大或者有其他严重情节的，处三年以上十年以下有期徒刑，并处罚金；数额特别巨大或者有其他特别严重情节的，处十年以上有期徒刑或者无期徒刑，并处罚金或者没收财产。

依据《刑法》第二百六十五条规定，以牟利为目的，盗接他人通信线路、复制他人电信码号或者明知是盗接、复制的电信设备、设施而使用的，依照本法第二百六十四条的规定定罪处罚。

五、案件点评

本案例窃电用户采用表内焊接遥控器窃电，窃电方式表现为用电采集系统存在开表盖记录，需破坏或伪造电能表封印。该窃电行为符合窃电具备的四要件：（1）主体要件：用户，包括个人和单位。（2）主观方面要件：故意。（3）客观要件：供用电正常秩序。窃电行为破坏了正常的供用电秩序。（4）客观方面要件：窃电行为（采取秘密窃取的方式）。其属于《供电营业规则》禁止的窃电行为。

用电检查人员根据用户用电特性，分析线路或台区线损曲线、用户电量曲线，锁定嫌疑对象。现场检查要仔细查看耳封、尾封、合格封印的完整情况，并留存完整影像资料。此外，供电公司应加强与警方联合执法，保证取证过程合法有效。

案例三 表内加装遥控器，自制仪器见奇效

【案件基本情况概述】

某供电公司治理高损台区，使用自行研制的低压台区智能诊断设备进行数据对比，锁定窃电嫌疑用户。经现场检查发现用户私自加装遥控器窃电，属于故意使用电计量装置不准或者失效的窃电行为。

一、事件起因

某供电公司某台区持续高损，用电检查人员在该台区安装自行研制的低压台区智能诊断设备，发现某用户电能表火线电流较小、零火线电流不平衡且有开盖记录，存在窃电嫌疑。

图 2-3-1　检测设备

二、检查经过

用电检查人员联合电力派出所对该用户开展夜间突击检查，电能表显示火线电流为 4.2A，零线电流为 11.6A；钳形电流表实测火线电流为 11.6A，检查过程中电能表火线电流突然变为 11.6A。用电检查人员判定用户使用遥控器窃电，电力派出所立即通知用户到场。用电检查人员打开表盖后发现表内安装遥控装置，拍照取证并出具违约窃电通知书，该用户承认其窃电行为并签字确认。

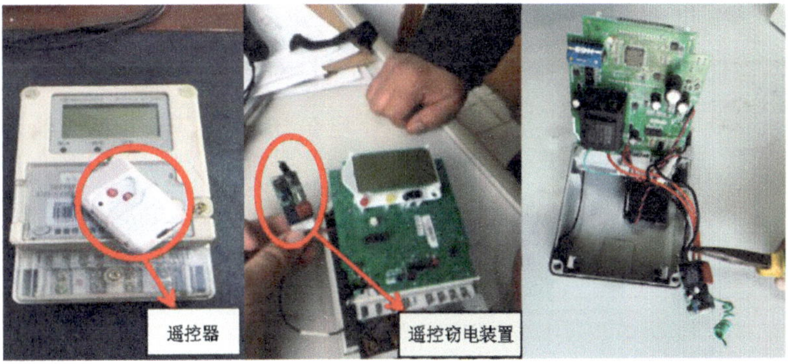

图 2-3-2　遥控器及电能表内部情况

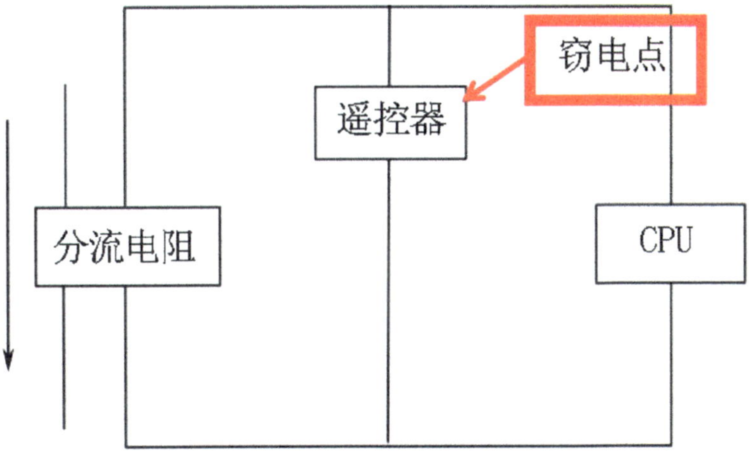

图 2-3-3　窃电电路图

三、案件处理结果

按照《中华人民共和国治安管理处罚法》（以下简称《治安管理处罚法》）有关规定，区公安局对用户行政拘留 10 日，按《供电营业规则》有关规定，供电公司对用户追补电费及违约使用电费共计 0.13 万元。

四、处理依据

依据《供电营业规则》第一百零一条第三款规定，伪造或者开启供电企业加封的用电计量装置封印用电。

依据《供电营业规则》第一百零一条第四款规定，故意损坏供电企业用电计量装置。

依据《供电营业规则》第一百零一条第五款规定，故意使供电企业用电计量装置不准或者失效。

依据《供电营业规则》第一百零二条规定，供电企业对查获的窃电者，应予制止并可当场中止供电。窃电者应按所窃电量补交电费，并承担补交电费三倍的违约使用电费。拒绝承担窃电责任的，供电企业应报请电力管理部门依法处理。窃电数额较大或情节严重的，供电企业应提请司法机关依法追究刑事责任。

依据《中华人民共和国治安管理处罚法》（以下简称《治安管理处罚法》）第四十九条规定，盗窃、诈骗、哄抢、敲诈勒索或者故意损毁公私财物的，处五日以上十日以下拘留，可以并处五百元以下罚款；情节严重的，处十日以上十五日以下拘留，可以并处一千元以下罚款。

五、案件点评

本案例窃电用户采用表内焊接遥控器窃电，窃电方式表现为用电采集系统存在开表盖记录，需破坏或伪造电能表封印。该窃电行为符合窃电具备的四要件：（1）主体要件：用户，包括个人和单位。（2）主观方面要件：故意。（3）客观要件：供用电正常秩序。窃电行为破坏了正常的供用电秩序。（4）客观方面要件：窃电行为（采取秘密窃取的方式）。其属于《供电营业规则》禁止的窃电行为。

用电检查人员可根据用户用电特性，分析线路或台区线损曲线、用户电量曲线，锁定窃电嫌疑用户，亦可使用低压台区智能诊断设备，提高查窃效率。

第三章　破坏表内元件窃电

案例一　改动芯片技术高，最终还是落法网

【案件基本情况概述】

某供电公司通过用电采集系统发现某用户存在开盖记录且零火线电流不平衡，现场检查发现用户私自改动电能表内部采样回路接线，存在故意致使供电企业用电计量装置失准的窃电行为。

一、事件起因

某供电公司通过用电采集系统发现某用户的电能表有开表盖记录，且零火线电流不平衡，存在窃电嫌疑，需现场核查确认。

二、检查经过

用电检查人员现场检查该用户电能表，发现铅封及合格证已破坏，电能表显示零火线电流不一致，实测火线电流明显大

于电能表显示电流，零线电流相同。用电检查人员通知用户到场，开盖后发现内部采样回路接线已人为改动。用电检查人员现场拍照取证并出具违约窃电通知书，该用户承认其窃电行为并签字确认。供电公司委托电能表生产厂家对该表评估检定，并出具了检定报告。

图 3-1-1　AGND 与 L－OUT

图 3-1-2　继电器

图 3-1-3　连接时电流和误差

图 3-1-4　断开后电流和误差

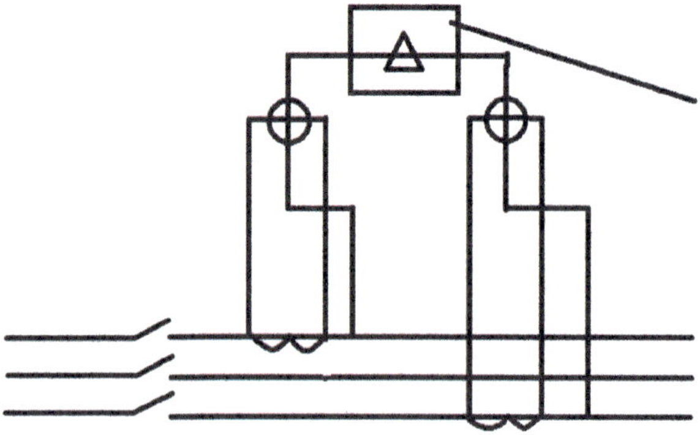

图 3-1-5　窃电电路图

三、案件处理结果

供电公司对该用户追补电费及违约使用电费共计 0.92 万元。

四、处理依据

依据《供电营业规则》第一百零一条第三款规定，伪造或者开启供电企业加封的用电计量装置封印用电。

依据《供电营业规则》第一百零一条第四款规定，故意损坏供电企业用电计量装置。

依据《供电营业规则》第一百零一条第五款规定，故意使供电企业用电计量装置不准或者失效。

依据《供电营业规则》第一百零二条规定，供电企业对查获的窃电者，应予制止并可当场中止供电。窃电者应按所窃电量补交电费，并承担补交电费三倍的违约使用电费。拒绝承担窃电责任的，供电企业应报请电力管理部门依法处理。窃电数额较大或情节严重的，供电企业应提请司法机关依法追究刑事责任。

五、案件点评

本案例窃电用户采用破坏电能表元件窃电，窃电方式表现为零火线电流不平衡、用电采集系统存在开表盖记录，需破坏或伪造电能表封印。该窃电行为符合窃电具备的四要件：(1) 主体要件：用户，包括个人和单位。(2) 主观方面要件：故意。(3) 客观要件：供用电正常秩序。窃电行为破坏了正常的供用电秩序。(4) 客观方面要件：窃电行为（采取秘密窃取的方式）。其属于《供电营业规则》禁止的窃电行为。

用电检查人员根据用户用电特性，分析线路或台区线损曲线、用户电量曲线，锁定窃电嫌疑用户。现场无法确定窃电点，可以封存电能表，委托生产厂家协助检定电能表。

案例二　表内焊接电阻器，窃电最终食恶果

【案件基本情况概述】

某供电公司治理高损台区，通过用电采集系统发现某用户日用电量波动异常。用电检查人员现场检查发现电能表内部焊接电阻器，属于故意致使供电企业用电计量装置失准的窃电行为。

一、事件起因

某供电公司某台区持续高损，线损率为 18.1%。用电检查人员使用用电采集系统对该台区逐户筛查用电量，发现几户日、月用电量与同期电量相比明显减少，通过用电数据分析，锁定窃电嫌疑用户。该用户为大饼、面条销售店，用电设备负荷 20kW，用电时间为早 5:00 至晚 8:00，通过用电采集系统调取历史电量记录，发现该用户从 2019 年 1 月 27 日开始用电量明显减少。

二、检查经过

用电检查人员到达现场后，随即联系用户并开展检查。该

用户表箱封、表尾封已被破坏，电能表盖螺丝有人为破坏的痕迹，电能表显示电流小于实测电流。用电检查人员开盖后发现电能表背面螺丝固定部位破坏（不动表原封），电流采样回路处被焊接电阻器，导致电能表少计电量。

用电检查人员现场拍照取证并出具违约窃电通知书，该用户拒绝签字且不承认窃电行为。检查人员随即报警，本案经当地公安机关侦办，依法逮捕盗窃电能分子。

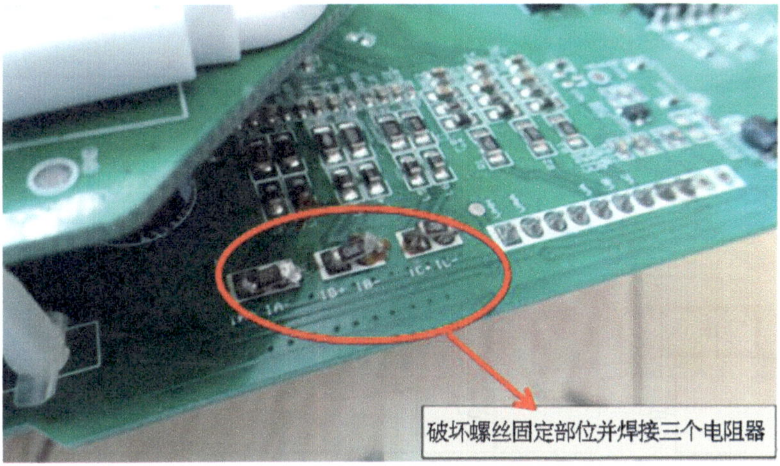

图 3-2-1　电能表内部情况

图 3-2-2　表盖螺丝柱被破坏

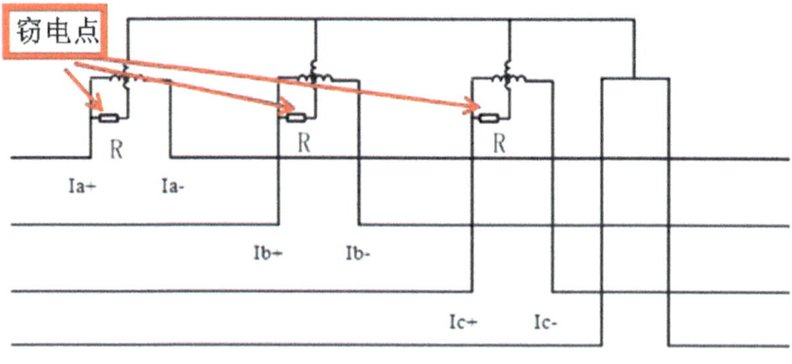

图 3-2-3　窃电电路图

三、案件处理结果

供电公司对用户追补电费及违约使用电费共计 5.01 万元。

本案经人民法院开庭审判，被告人构成盗窃罪，判处有期徒刑六个月，缓刑一年，并处罚金人民币 0.6 万元。

四、处理依据

依据《供电营业规则》第一百零一条第三款规定，伪造或者开启供电企业加封的用电计量装置封印用电。

依据《供电营业规则》第一百零一条第四款规定，故意损坏供电企业用电计量装置。

依据《供电营业规则》第一百零一条第五款规定，故意使供电企业用电计量装置不准或者失效。

依据《供电营业规则》第一百零二条规定，供电企业对查获的窃电者，应予制止并可当场中止供电。窃电者应按所窃电量补交电费，并承担补交电费三倍的违约使用电费。拒绝承担窃电责任的，供电企业应报请电力管理部门依法处理。窃电数额较大或情节严重的，供电企业应提请司法机关依法追究刑事责任。

依据《电力法》第七十一条规定，盗窃电能的，由电力管理部门责令停止违法行为，追缴电费并处应交电费五倍以下的罚款；构成犯罪的，依照刑法有关规定追究刑事责任。

依据《刑法》第二百六十四条规定，盗窃公私财物，数额较大的，或者多次盗窃、入户盗窃、携带凶器盗窃、扒窃的，处三年以下有期徒刑、拘役或者管制，并处或者单处罚金；数额巨大或者有其他严重情节的，处三年以上十年以下有期徒刑，并处罚金；数额特别巨大或者有其他特别严重情节的，处十年以上有期徒刑或者无期徒刑，并处罚金或者没收财产。

依据《刑法》第二百六十五条规定，以牟利为目的，盗接他人通信线路、复制他人电信码号或者明知是盗接、复制的电信设备、设施而使用的，依照本法第二百六十四条的规定定罪处罚。

五、案件点评

本案例窃电用户采用表内电路板焊接电阻元件窃电，窃电方式表现为用电采集系统存在开表盖记录，需破坏或伪造电能表封印。该窃电行为符合窃电具备的四要件：（1）主体要件：用户，包括个人和单位。（2）主观方面要件：故意。（3）客观要件：供用电正常秩序。窃电行为破坏了正常的供用电秩序。（4）客观方面要件：窃电行为（采取秘密窃取的方式）。其属于《供电营业规则》禁止的窃电行为。

用电检查人员可根据用户用电特性，分析线路或台区线损曲线、用户电量曲线，锁定窃电嫌疑用户。对有电能表开盖记录的嫌疑对象，在电能表封印完好的情况下，须再次全面检查电能表外观。

案例三　团伙作案改电能表，警企联动“一锅端”

【案件基本情况概述】

某供电公司治理高损台区，通过营销业务应用系统、用电采集系统发现3户用电量异常且存在开盖记录。用电检查人员现场检查发现均存在破坏计量装置内部构造，属于故意破坏用电计量装置使其不准或失效的窃电行为。

一、事件起因

某供电公司某台区高损，线损率为19%，用电检查人员运用营销业务应用系统分析该台区用户电量发现3户电量异常，且用电采集系统存在开盖记录，锁定为疑似窃电用户。

二、检查经过

用电检查人员现场检查发现3户电能表显示火线电流与实测电流相差较大，且电能表有人为打开痕迹。用电检查人员现场拆表并加封，并通知用户在规定时间参与电能表校验及开盖检查，用电检查人员经检定3块电能表内部线路板均遭人为破坏，构成窃电行为，误差分别为−93.2%、−97.9%、−71%。用电检查人员将检定结果告知用户，但3户均不承认窃电行为。用电检查人员随即报警，由公安部门立案处理。

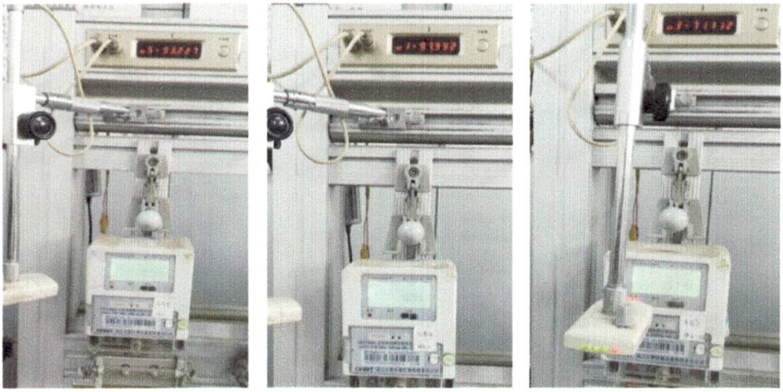

图 3-3-1　检定电能表

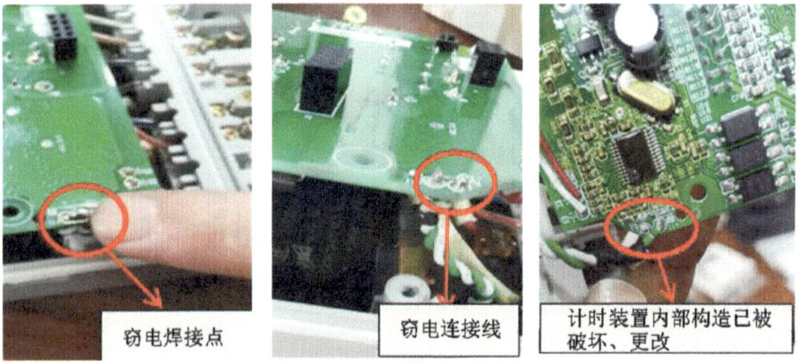

图 3-3-2　电能表内部情况

三、案件处理结果

在公安机关调查下，3 位用户承认了窃电事实，并缴纳了电费及违约使用电费。

受　案　回　执

[redacted]：

你（单位）于[redacted]报称的[redacted]一案我单位已受理(受案文号为:[redacted]、接警编号为:[redacted]、案件编号为:[redacted])。

你（单位）可通过[redacted]查询案件进展情况。

联系人、联系方式：[redacted]

二○一九年四月十[illegible]日

报案人、控告人、举报人、扭送人：

年　月　日

此联交报案人、控告人、举报人、扭送人

图 3-3-3　受案回执

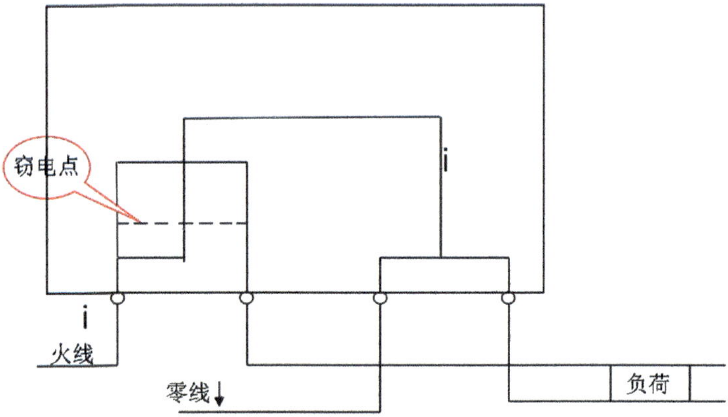

图 3-3-4　窃电电路图

四、处理依据

依据《供电营业规则》第一百零一条第三款规定，伪造或者开启供电企业加封的用电计量装置封印用电。

依据《供电营业规则》第一百零一条第四款规定，故意损坏供电企业用电计量装置。

依据《供电营业规则》第一百零一条第五款规定，故意使供电企业用电计量装置不准或者失效。

依据《供电营业规则》第一百零二条规定，供电企业对查获的窃电者，应予制止并可当场中止供电。窃电者应按所窃电量补交电费，并承担补交电费三倍的违约使用电费。拒绝承担窃电责任的，供电企业应报请电力管理部门依法处理。窃电数额较大或情节严重的，供电企业应提请司法机关依法追究刑事责任。

依据《电力法》第七十一条规定，盗窃电能的，由电力管理部门责令停止违法行为，追缴电费并处应交电费五倍以下的罚款；构成犯罪的，依照刑法有关规定追究刑事责任。

依据《刑法》第二百六十四条规定，盗窃公私财物，数额较大的，或者多次盗窃、入户盗窃、携带凶器盗窃、扒窃的，处三年以下有期徒刑、拘役或者管制，并处或者单处罚金；数额巨大或者有其他严重情节的，处三年以上十年以下有期徒刑，并处罚金；数额特别巨大或者有其他特别严重情节的，处十年以上有期徒刑或者无期徒刑，并处罚金或者没收财产。

依据《刑法》第二百六十五条规定，以牟利为目的，盗接他人通信线路、复制他人电信码号或者明知是盗接、复制的电信设备、设施而使用的，依照本法第二百六十四条的规定定罪处罚。

五、案件点评

本案例窃电用户采用表内电路板焊接电阻元件窃电，窃电方式表现为用电采集系统存在开表盖记录，需破坏或伪造电能表封印。该窃电行为符合窃电具备的四要件：（1）主体要件：用户，包括个人和单位。（2）主观方面要件：故意。（3）客观要件：供用电正常秩序。窃电行为破坏了正常的供用电秩序。（4）客观方面要件：窃电行为（采取秘密窃取的方式）。其属于《供电营业规则》禁止的窃电行为。

用电检查人员根据用户用电特性，分析线路或台区线损曲线、用户电量曲线，锁定窃电嫌疑用户。用电检查人员现场检查要确保证据链资料齐全，可以作为有效的法律依据；对态度强硬、拒不承认的窃电用户，可交由公安及司法部门处理。

案例四　表内剪断电流线，断压失流查窃电

【案件基本情况概述】

某供电公司通过用电采集系统筛查发现某高压用户电流失流，用电检查人员现场检查发现该用户私自将表内C相电流线剪断，属于故意损坏用电计量装置的窃电行为。

一、事件起因

某供电公司通过用电采集系统筛查发现某高压用户负荷数据缺失，并延伸调取该用户三个月内负荷数据，均出现数据缺失现象。用电检查人员在该用户电能表处安装电力台区负荷校准仪，并监测发现存在开启表盖记录，该用户存在窃电嫌疑。

二、检查经过

用电检查人员通知用户协助检查，经检查发现表箱封印及电能表封印均被破坏，使用钳形电流表实测A相电流1.37A，C相电流0A；测量C相一次侧电流正常，检查接线端子盒及表尾，未发现短接情况。开盖检查，发现用户私自将表内C相电流线剪断。用电检查人员现场拍照取证并出具违约窃电通知书，该用户承认其窃电行为并签字确认。

图 3-4-1　现场检查表内情况

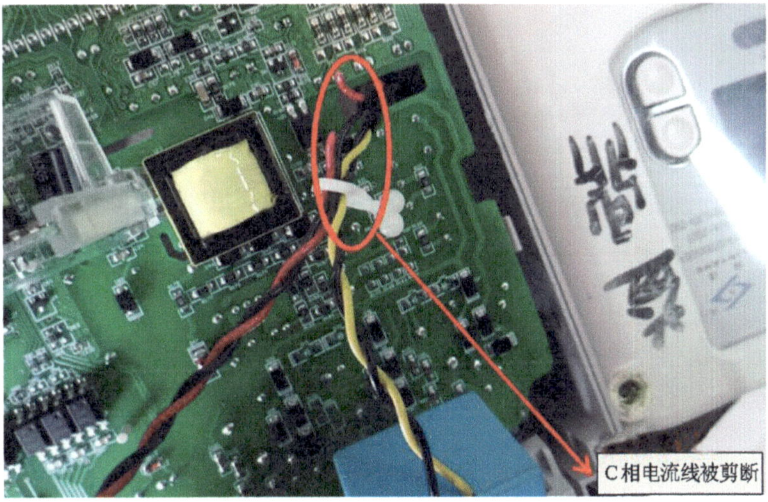

图 3-4-2　表内异常情况

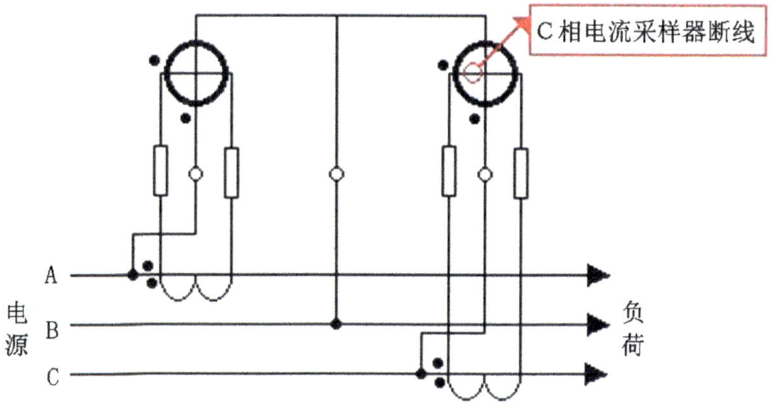

图 3-4-3 窃电电路图

三、案件处理结果

供电公司对该用户追补电费及违约使用电费共计 12 万元。

四、处理依据

依据《供电营业规则》第一百零一条第三款规定，伪造或者开启供电企业加封的用电计量装置封印用电。

依据《供电营业规则》第一百零一条第四款规定，故意损坏供电企业用电计量装置。

依据《供电营业规则》第一百零一条第五款规定，故意使供电企业用电计量装置不准或者失效。

依据《供电营业规则》第一百零二条规定，供电企业对查获的窃电者，应予制止并可当场中止供电。窃电者应按所窃电量补交电费，并承担补交电费三倍的违约使用电费。拒绝承担

窃电责任的，供电企业应报请电力管理部门依法处理。窃电数额较大或情节严重的，供电企业应提请司法机关依法追究刑事责任。

五、案件点评

本案例窃电用户采用切断表内C相电流线窃电，窃电方式表现为用电采集系统存在开表盖记录，需破坏或伪造电能表封印。该窃电行为符合窃电具备的四要件：（1）主体要件：用户，包括个人和单位。（2）主观方面要件：故意。（3）客观要件：供用电正常秩序。窃电行为破坏了正常的供用电秩序。（4）客观方面要件：窃电行为（采取秘密窃取的方式）。其属于《供电营业规则》禁止的窃电行为。

用电检查人员可根据用户用电特性，分析线路或台区线损曲线、用户用电量曲线，锁定窃电嫌疑用户。用电检查人员现场检查要确保现场证据链资料齐全，可以作为有效的法律依据；对态度强硬、拒不承认的窃电用户，可交由公安及司法部门处理。

第四章　接线盒短接窃电

案例一　接线盒内有遥控，检查步骤很重要

【案件基本情况概述】

某供电公司某10kV线路高损，用电检查人员通过用电采集系统分析某用户A，C相电流严重不平衡，存在窃电嫌疑，现场检查发现该用户在接线盒内加装遥控器窃电，属于故意使用电计量装置不准或失效的窃电行为。

一、事件起因

某供电公司某10kV线路高损，线损率为7%，用电检查人员通过用电采集系统分析后，发现某工业用户A，C相电流不平衡且偏差较大，存在窃电嫌疑。

二、检查经过

用电检查人员联系该用户配合检查，现场检查发现电能表显示A相电流0.55A，C相电流1.02A，与表尾进线实测A，

C相电流值相符；实测接线盒进线A相电流2.29A，C相电流2.27A，大于表尾实测电流值，判定接线盒存在问题；检查发现接线盒后盖轻微鼓起有打开痕迹，开盖后发现内部安装遥控装置窃电。用电检查人员现场拍照取证并出具违约窃电通知书，该用户承认其窃电行为并签字确认。

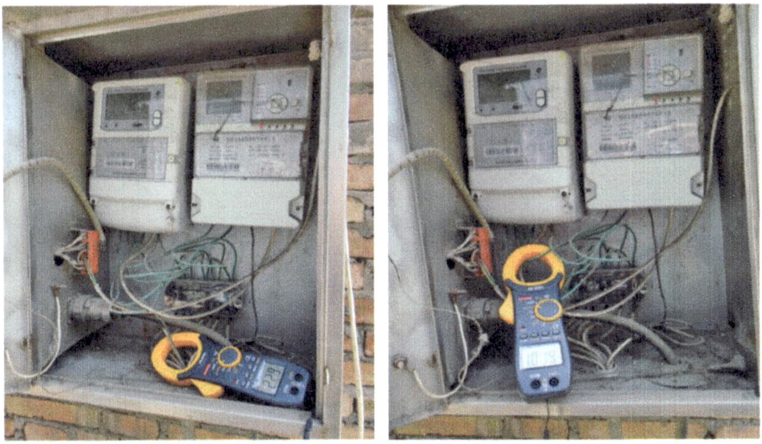

图 4-1-1　接线盒前后测量情况

图 4-1-2　接线盒内部情况

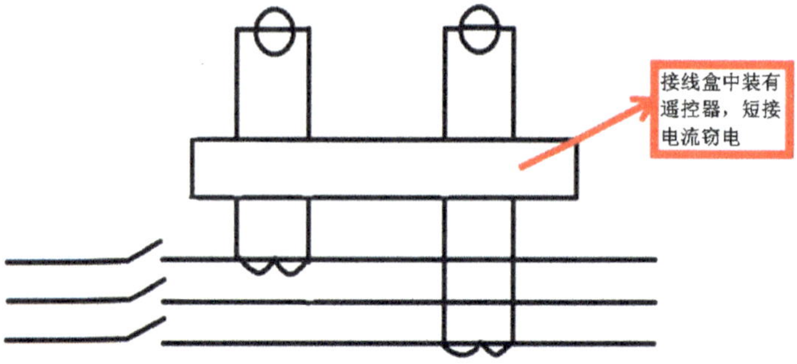

图 4-1-3　窃电原理示意图

三、案件处理结果

供电公司对该用户追补电费及违约使用电费共计 29.6 万元。

四、处理依据

依据《供电营业规则》第一百零一条第三款规定，伪造或者开启供电企业加封的用电计量装置封印用电。

依据《供电营业规则》第一百零一条第四款规定，故意损坏供电企业用电计量装置。

依据《供电营业规则》第一百零一条第五款规定，故意使供电企业用电计量装置不准或者失效。

依据《供电营业规则》第一百零二条规定，供电企业对查获的窃电者，应予制止并可当场中止供电。窃电者应按所窃电量补交电费，并承担补交电费三倍的违约使用电费。拒绝承担窃电责任的，供电企业应报请电力管理部门依法处理。窃电数额较大或情节严重的，供电企业应提请司法机关依法追究刑事责任。

五、案件点评

本案例窃电用户采用端子接线盒内加装遥控电路板窃电，窃电方式表现为A，C相电流不平衡。该窃电行为符合窃电具备的四要件：(1) 主体要件：用户，包括个人和单位。(2) 主观方面要件：故意。(3) 客观要件：供用电正常秩序。窃电行为破坏了正常的供用电秩序。(4) 客观方面要件：窃电行为(采取秘密窃取的方式)。其属于《供电营业规则》禁止的窃电行为。

用电检查人员需逐段分析用电负荷，根据用户用电特性，分析线路或台区线损曲线、用户电量曲线，锁定窃电嫌疑用户。用电检查人员现场检查要认真、仔细查看用电计量装置外观的完整性，分段测量电能表进线、接线盒进线电流，确定窃电位置。

案例二　接线盒内短连片，电流平衡度很重要

【案件基本情况概述】

某供电公司治理10kV高损线路，通过现场分段测量和用电采集系统数据分析锁定了窃电嫌疑用户，现场检查发现该用户将接线盒C相电流连片短接窃电，属于故意使用电计量装置

不准或失效的窃电行为。

一、事件起因

某供电公司某 10kV 线路高损，线损率为 6%，用电检查人员对该线路分段测量并分析数据，发现某用户用电量增大时，线路线损明显下降，该用户用电量较小时，A，C 相电流偏差较大，线路线损上升存在窃电嫌疑。

二、检查经过

用电检查人员联系用户配合检查，现场发现表箱无铅封，电能表表尾盖无铅封，接线盒铅封已破坏；检查后发现接线盒 C 相电流连片短接，属于窃电行为。用电检查人员现场拍照取证并出具违约窃电通知书，该用户承认其窃电行为并签字确认。

图 4-2-1　接线盒连片人为连接

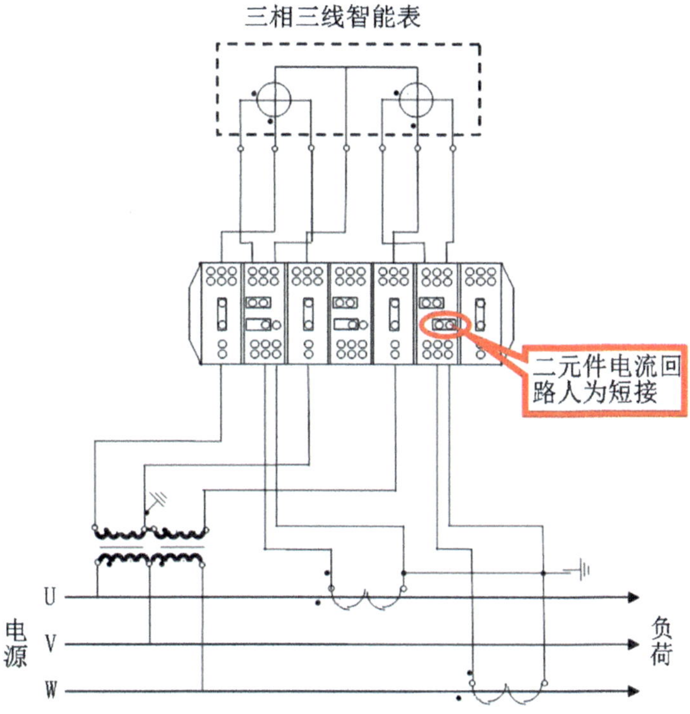

图 4-2-2　窃电电路图

三、案件处理结果

供电公司对该户追补电费及违约使用电费共计 7.67 万元。

四、处理依据

依据《供电营业规则》第一百零一条第三款规定，伪造或者开启供电企业加封的用电计量装置封印用电。

依据《供电营业规则》第一百零一条第四款规定，故意损坏供电企业用电计量装置。

依据《供电营业规则》第一百零一条第五款规定，故意使供电企业用电计量装置不准或者失效。

依据《供电营业规则》第一百零二条规定，供电企业对查获的窃电者，应予制止并可当场中止供电。窃电者应按所窃电量补交电费，并承担补交电费三倍的违约使用电费。拒绝承担窃电责任的，供电企业应报请电力管理部门依法处理。窃电数额较大或情节严重的，供电企业应提请司法机关依法追究刑事责任。

五、案件点评

本案例窃电用户采用短接端子接线盒电流连片窃电，窃电方式表现为 A，C 相电流不平衡。该窃电行为符合窃电具备的四要件：（1）主体要件：用户，包括个人和单位。（2）主观方面要件：故意。（3）客观要件：供用电正常秩序。窃电行为破坏了正常的供用电秩序。（4）客观方面要件：窃电行为（采取秘密窃取的方式）。其属于《供电营业规则》禁止的窃电行为。

用电检查人员需逐段分析用电负荷，根据用户用电特性，分析线路或台区线损曲线、用户电量曲线，锁定窃电嫌疑用户。用电检查人员现场检查要认真、仔细查看用电计量装置外观的完整性，分段测量电能表进线、接线盒进线电流值，确定窃电位置。

案例三　接线盒内短接线，损失电量推算定嫌疑

【案件基本情况概述】

某供电公司某10kV线路线损率突增，用电检查人员通过损失电量计算分析锁定窃电嫌疑用户，现场检查发现该用户在接线盒内部分别短接A，C相电流柱窃电，属于故意使用电计量装置不准或失效的窃电行为。

一、事件起因

某供电公司某10kV线路线损率突增至8%，日损电量2000kWh至2600kWh，通过分析排除了采集失败、用户档案错误等原因，怀疑该线路上存在窃电用户。经过计算，按照工业用户每天加工12小时推算窃电用户的变压器容量应在160kVA以上，结合窃电用户存在月用电量突减的情况，将范围缩小至三家企业。用电检查人员经过现场走访，排除了两家停产企业，将目标锁定为一家从事玻璃丝加工的企业。该用户变压器容量315kVA，主要用电设备为电炉，加工时需将玻璃融化，消耗电量较大，符合推断条件。

二、检查经过

用电检查人员现场检查发现表箱封被破坏，电能表封印完好，接线盒无封，查看电能表显示电流和功率值几乎为零，用钳形电流表实测接线盒进线电流2.2A，与电能表电流相差较

大，怀疑接线盒处存在问题；发现接线盒后盖有撬痕，电流回路用铜丝短接，属于窃电行为。用电检查人员现场拍照取证并出具违约窃电通知书，该用户承认其窃电行为并签字确认。

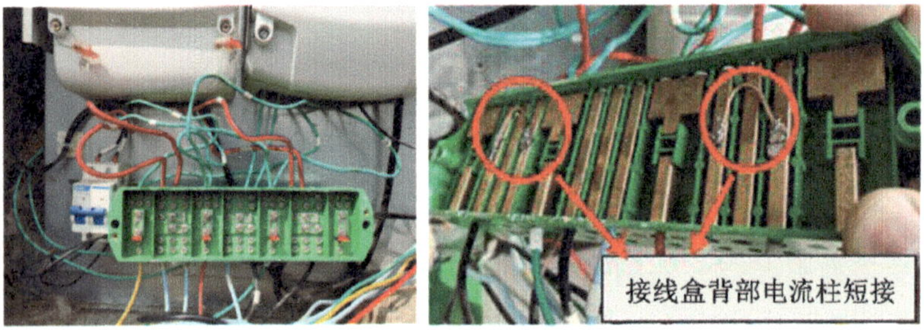

图 4-3-1　接线盒窃电情况

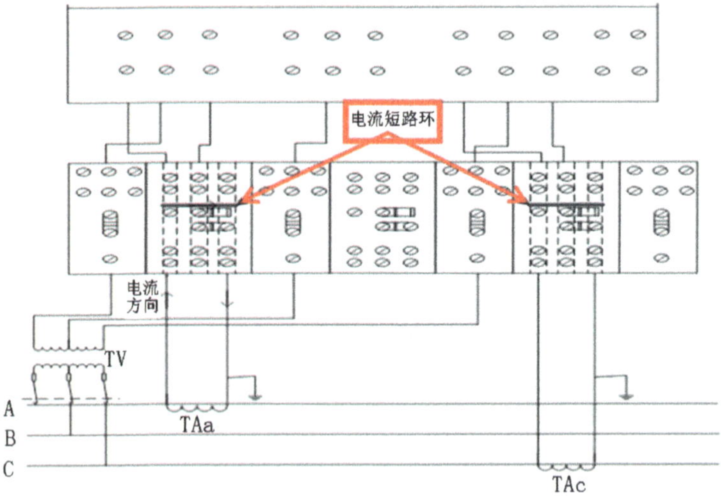

图 4-3-2　窃电线路图

三、案件处理结果

供电公司对该用户追补电费及违约使用电费共计 44.7 万元。

四、处理依据

依据《供电营业规则》第一百零一条第三款规定，伪造或者开启供电企业加封的用电计量装置封印用电。

依据《供电营业规则》第一百零一条第四款规定，故意损坏供电企业用电计量装置。

依据《供电营业规则》第一百零一条第五款规定，故意使供电企业用电计量装置不准或者失效。

依据《供电营业规则》第一百零二条规定，供电企业对查获的窃电者，应予制止并可当场中止供电。窃电者应按所窃电量补交电费，并承担补交电费三倍的违约使用电费。拒绝承担窃电责任的，供电企业应报请电力管理部门依法处理。窃电数额较大或情节严重的，供电企业应提请司法机关依法追究刑事责任。

依据《供电营业规则》第一百零三条规定，窃电量按下列方法确定：

1. 在供电企业的供电设施上，擅自接线用电的，所窃电量按私接设备额定容量（千伏安视同千瓦）乘以实际使用时间计算确定；

2. 以其他行为窃电的，所窃电量按计费电能表标定电流值（对装有限流器的，按限流器整定电流值）所指的容量（千伏安视同千瓦）乘以实际窃用的时间计算确定。

窃电时间无法查明时，窃电日数至少以一百八十天计算，每日窃电时间：电力用户按 12 小时计算；照明用户按 6 小时计算。

五、案件点评

本案例窃电用户采用短接接线盒内部电流柱窃电，窃电方式表现为 A，C 相电流不平衡，表尾至端子排进出线电流无异常。该窃电行为符合窃电具备的四要件：（1）主体要件：用户，包括个人和单位。（2）主观方面要件：故意。（3）客观要件：供用电正常秩序。窃电行为破坏了正常的供用电秩序。（4）客观方面要件：窃电行为（采取秘密窃取的方式）。其属于《供电营业规则》禁止的窃电行为。

用电检查人员需逐段分析用电负荷，根据用户用电特性，分析线路或台区线损曲线、用户电量曲线，现场逐一排查端子排中各端子进出线电流情况。

第五章　零火电流反接窃电

案例一　零火反接私接线，智能终端查窃电

【案件基本情况概述】

某供电公司某 0.4kV 台区长期高损，用电检查人员使用低压台区智能终端锁定窃电嫌疑用户，现场检查发现该用户私自将电能表零火线倒置并私设接地线，属于绕越计量装置用电的窃电行为。

一、事件起因

某供电公司某 0.4kV 台区线损率长期在 8%以上。用电检查人员对该台区电能表逐个检查，未发现异常；使用低压台区智能终端对该台区用户进行实时用电监测，发现某用户零火电流相差较大，存在窃电嫌疑。

二、检查经过

用电检查人员现场检查发现该用户电能表的零火线倒置，

零线电流远大于火线电流，且该用户家中私自加装接地线代替零线，绕越计量装置窃电。用电检查人员对窃电现场进行了拍照取证并开具违约窃电通知书，该用户承认其窃电行为并签字确认。

图 5-1-1　现场实验情况

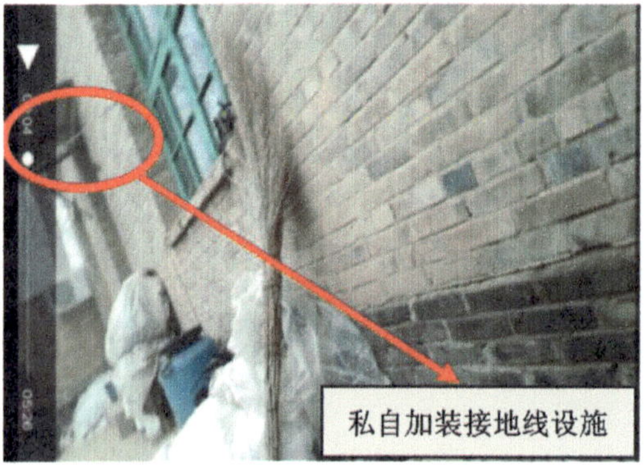

图 5-1-2　用户接地线设施

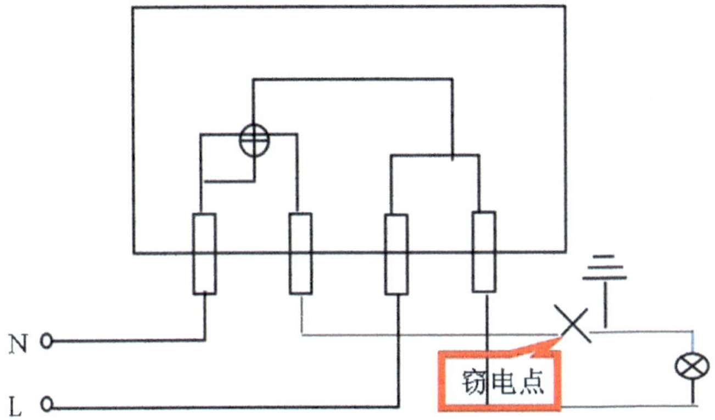

图 5-1-3　窃电电路图

三、案件处理结果

供电公司对该用户追补电费及违约使用电费共计 2.63 万元。

四、处理依据

依据《供电营业规则》第一百零一条第二款规定，绕越计量装置窃电。

依据《供电营业规则》第一百零二条规定，供电企业对查获的窃电者，应予制止并可当场中止供电。窃电者应按所窃电量补交电费，并承担补交电费三倍的违约使用电费。拒绝承担窃电责任的，供电企业应报请电力管理部门依法处理。窃电数额较大或情节严重的，供电企业应提请司法机关依法追究刑事责任。

五、案件点评

本案例窃电用户采用零火线倒置私装接地线，窃电方式表现为单相电能表零火电流不平衡。该窃电行为符合窃电具备的四要件：（1）主体要件：用户，包括个人和单位。（2）主观方面要件：故意。（3）客观要件：供用电正常秩序。窃电行为破坏了正常的供用电秩序。（4）客观方面要件：窃电行为（采取秘密窃取的方式）。其属于《供电营业规则》禁止的窃电行为。

用电检查人员根据用户用电特性，分析台区线损曲线、用户电量曲线，锁定窃电嫌疑用户。用电检查人员现场检查要认真、严谨，按部就班排查计量装置及接线情况。

第六章　私自更换互感器窃电

案例一　私自更换互感器，电量负荷对比能见效

【案件基本情况概述】

某供电公司某10kV线路高损，经过分析发现某双电源用户切改线路时用电量异常，随即对该用户展开检查，发现该用户私自更换电流互感器窃电，属于故意使供电企业用电计量装置不准或失效的窃电行为。

一、事件起因

某供电公司某10kV线路线损率长期在8%左右，经过对比日线损数据，发现某双电源用户在1＃线路用电时线路高损，切改至2＃线路后，1＃线路线损恢复正常且该户用电量增大，怀疑存在计量故障或窃电行为，需要到现场核对。

二、检查经过

用电检查人员现场检查发现该用户电能表铅封齐全，电能

表显示电流与二次侧实测电流一致，与一次侧实测电流不符；检查电流互感器发现，互感器变比为 250/5，与系统档案 150/5 不符，判定该用户私自更换电流互感器，属于窃电行为。用电检查人员现场拍照取证并出具违约窃电通知书，该用户承认其窃电行为并签字确认。

图 6-1-1　现场互感器铭牌

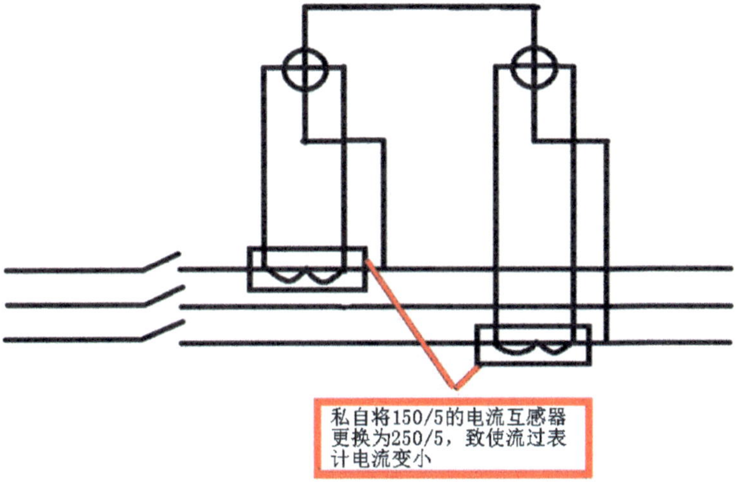

图 6-1-2　窃电电路图

三、案件处理结果

供电公司对该用户追补电费及违约使用电费共计 259.62 万元。

四、处理依据

依据《供电营业规则》第一百零一条第三款规定，伪造或者开启供电企业加封的用电计量装置封印用电。

依据《供电营业规则》第一百零一条第四款规定，故意损坏供电企业用电计量装置。

依据《供电营业规则》第一百零一条第五款规定，故意使供电企业用电计量装置不准或者失效。

依据《供电营业规则》第一百零二条规定，供电企业对查获的窃电者，应予制止并可当场中止供电。窃电者应按所窃电量补交电费，并承担补交电费三倍的违约使用电费。拒绝承担窃电责任的，供电企业应报请电力管理部门依法处理。窃电数额较大或情节严重的，供电企业应提请司法机关依法追究刑事责任。

五、案件点评

本案例窃电用户采用私自更换互感器窃电，窃电方式表现为用电负荷突增。该窃电行为符合窃电具备的四要件：（1）主体要件：用户，包括个人和单位。（2）主观方面要件：故意。（3）客观要件：供用电正常秩序。窃电行为破坏了正常的供用电秩序。（4）客观方面要件：窃电行为（采取秘密窃取的方式）。其属于《供电营业规则》禁止的窃电行为。

用电检查人员根据用户用电特性，分析台区线损曲线、用户电量曲线，锁定窃电嫌疑用户。

第七章　强磁窃电

案例一　强磁窃电电流小，电流波动生嫌疑

【案件基本情况概述】

某供电公司某10kV线路持续高损，通过对一体化线损系统及用电采集系统数据进行分析，锁定窃电嫌疑用户，现场检查发现该用户在电能表后加装强磁铁块窃电，属于故意使供电企业用电计量装置不准或失效的窃电行为。

一、事件起因

某供电公司某10kV线路长期高损，线损率8%，用电检查人员通过对一体化线损系统及用电采集系统数据进行分析，发现某用户负荷曲线异常，A，C相电流只有0.02A—0.05A，连续半年电量较小，存在窃电嫌疑。

二、检查经过

用电检查人员现场检查发现该用户箱变有锁，查看电能表

显示电流A相0.02A，C相0.05A，钳形电流表实测A相电流0.3A，C相电流0.4A，与电能表电流相差较大，怀疑表内存在异常；检查发现电能表后有强磁铁块。用电检查人员现场拍照取证并出具违约窃电通知书，该用户承认其窃电行为并签字确认。

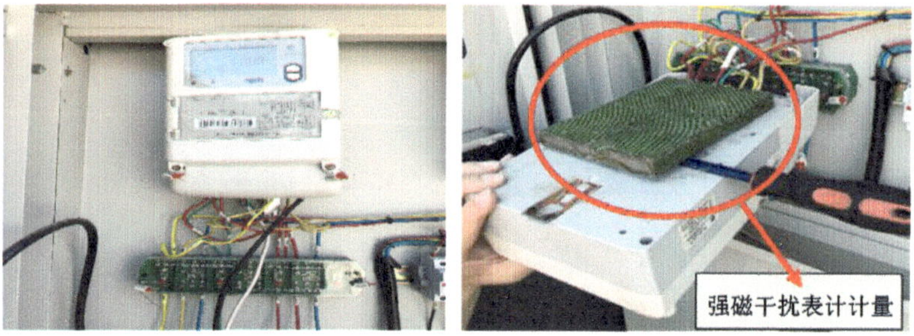

图7-1-1 窃电现场情况

三、案件处理结果

供电公司对该用户追补电费及违约使用电费共计126.22万元。

四、处理依据

依据《供电营业规则》第一百零一条第五款规定，故意使供电企业用电计量装置不准或者失效。

依据《供电营业规则》第一百零二条规定，供电企业对查获的窃电者，应予制止并可当场中止供电。窃电者应按所窃电量补交电费，并承担补交电费三倍的违约使用电费。拒绝承担

窃电责任的，供电企业应报请电力管理部门依法处理。窃电数额较大或情节严重的，供电企业应提请司法机关依法追究刑事责任。

五、案件点评

本案例窃电用户采用表后使用磁铁干扰电能表窃电，窃电方式表现为电能表 A，C 相电流极小。该窃电行为符合窃电具备的四要件：（1）主体要件：用户，包括个人和单位。（2）主观方面要件：故意。（3）客观要件：供用电正常秩序。窃电行为破坏了正常的供用电秩序。（4）客观方面要件：窃电行为(采取秘密窃取的方式)。其属于《供电营业规则》禁止的窃电行为。

用电检查人员根据用户用电特性，分析台区线损曲线、用户电量曲线，锁定窃电嫌疑用户。用电检查人员要制定周密的现场计划，全面、严谨的开展现场检查工作。

第八章　私接线绕越计量装置

案例一　瓷瓶打孔偷电量，分析排查抓现形

【案件基本情况概述】

某供电公司通过用电采集系统对某高损台区线损进行分析，发现某用户用电量异常，现场检查发现该用户利用瓷瓶绝缘子和T型支架打孔跨接线路，窃电手法隐蔽，属于擅自绕越计量装置用电的窃电行为。

一、事件起因

某供电公司对某高损台区开展治理工作，该台区近期线损率持续在10%。用电检查人员对该台区用户用电性质及用电量逐一分析，将重点核查目标锁定为某居民用户。根据日电量异常数据分析与现场走访，发现该用户使用空调、电暖气取暖，与日用电量不符，存在窃电嫌疑。

二、检查经过

用电检查人员现场检查发现表箱、电能表、表尾封锁完好，电能表显示电流与实测进线电流一致；用电检查人员检查杆塔及杆基无问题后，用钳形电流表测量接户线前段电流与末端电流，发现电流存在较大差值。检查人员拆开导线支架插台排查，最终发现该用户利用瓷瓶、插台和T型支架打孔跨接线路，手法极其隐蔽，属于绕越计量装置窃电。用电检查人员现场拍照取证并出具违约窃电通知书，该用户承认其窃电行为并签字确认。

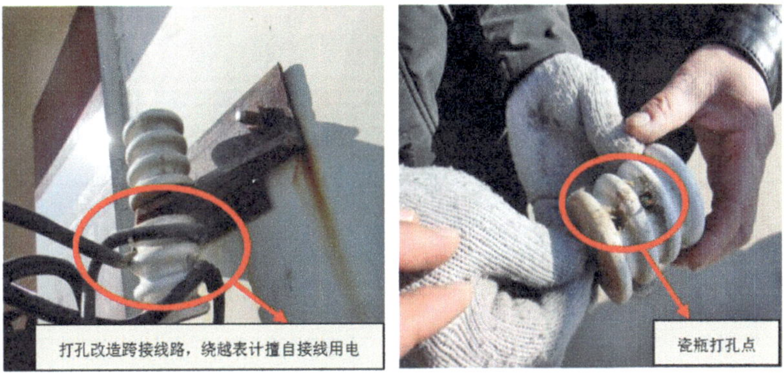

图 8-1-1　现场窃电点

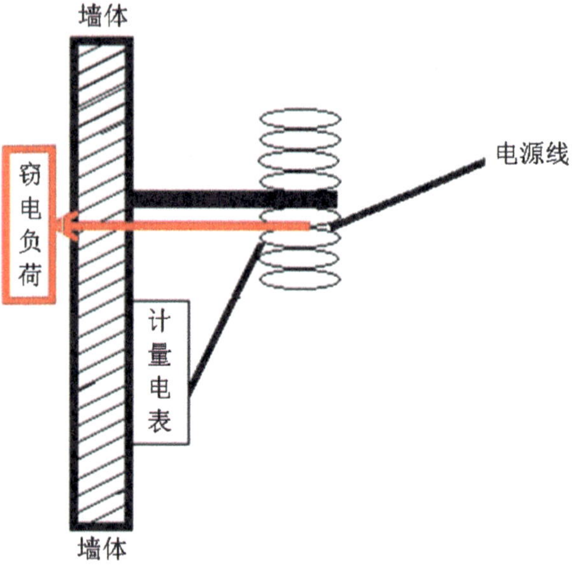

图 8-1-2　窃电电路图

三、案件处理结果

供电公司对该用户追补电费及违约使用电费共计 2.59 万元。

四、处理依据

依据《供电营业规则》第一百零一条第二款规定，绕越供电企业用电计量装置用电。

依据《供电营业规则》第一百零二条规定，供电企业对查获的窃电者，应予制止并可当场中止供电。窃电者应按所窃电量补交电费，并承担补交电费三倍的违约使用电费。拒绝承担

窃电责任的，供电企业应报请电力管理部门依法处理。窃电数额较大或情节严重的，供电企业应提请司法机关依法追究刑事责任。

五、案件点评

本案例窃电用户采用远端分流窃电，窃电方式表现为电能表内外电流一致，台区高损。该窃电行为符合窃电具备的四要件：（1）主体要件：用户，包括个人和单位。（2）主观方面要件：故意。（3）客观要件：供用电正常秩序。窃电行为破坏了正常的供用电秩序。（4）客观方面要件：窃电行为（采取秘密窃取的方式）。其属于《供电营业规则》禁止的窃电行为。

用电检查人员根据使用营销业务应用系统及用电采集系统，对用户用电特性逐一分析，锁定窃电嫌疑用户。用电检查人员现场检查要认真、严谨，需对线路、计量箱全面排查，防止窃电用户远端分流隐蔽窃电的行为。

案例二　表盘后面藏黑手，现场查窃步骤全

【案件基本情况概述】

某供电公司某台区持续高损，线损率为15.61%，通过营销业务应用系统和用电采集系统数据逐户分析，锁定窃电嫌疑用户。用电检查人员现场检查发现该用户在表前火线处接线，

属于擅自绕越用电计量装置用电的窃电行为。

一、事件起因

某供电公司开展高损台区治理，发现某高损台区日均损失电量89kWh左右，线损率高达15.61%。用电检查人员排除采集故障、户变关系不一致、计量故障、一体化参数设置等问题后，发现损失电量依然较高，判断该台区下用户可能存在窃电行为。通过进一步排查分析日用电量异常用户，发现某用户零火电流不平衡，每月用电量小，存在窃电嫌疑。

二、检查经过

用电检查人员现场检查发现电能表显示火线电流为0.5A，零线电流为9A，存在零火线不平衡的情况。用电检查人员分段检查，实测火线进线电流为0.5A，与电能表电流一致；实测表箱接线端子排火线电流为9A，与电能表零线电流一致，判断为表盘后火线搭接电线分流窃电。用户到场后，用电检查人员拆开表盘，发现用户在表盘后私自拉线与火线搭接，属于绕越计量装置窃电行为。用电检查人员现场录像、拍照取证并出具违约窃电通知书，该用户承认其窃电行为并签字确认。

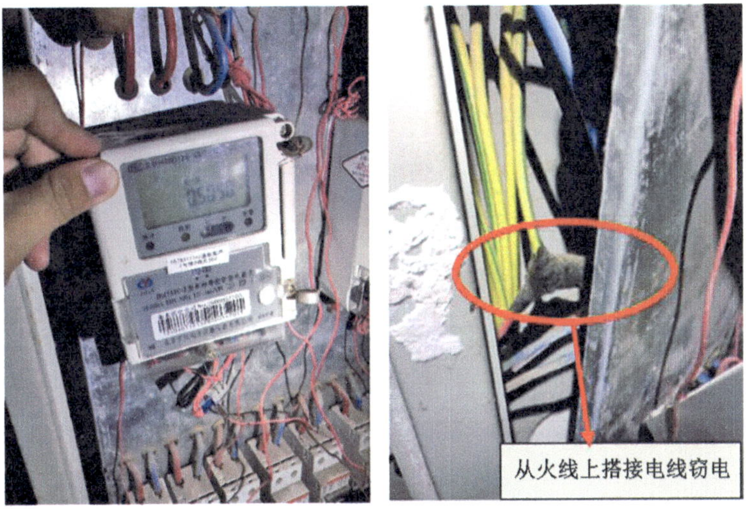

图 8-2-1　窃电现场及窃电点照片

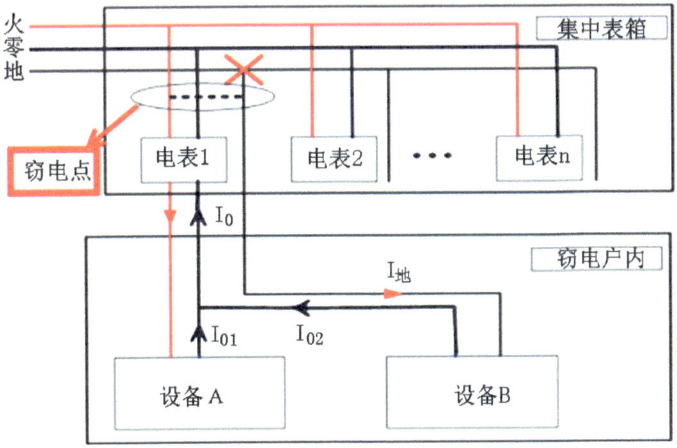

图 8-2-2　窃电电路图

三、案件处理结果

供电公司对该用户追补电费及违约使用电费共计 2.69 万元。

四、处理依据

依据《供电营业规则》第一百零一条第二款规定，绕越供电企业用电计量装置用电。

依据《供电营业规则》第一百零二条规定，供电企业对查获的窃电者，应予制止并可当场中止供电。窃电者应按所窃电量补交电费，并承担补交电费三倍的违约使用电费。拒绝承担窃电责任的，供电企业应报请电力管理部门依法处理。窃电数额较大或情节严重的，供电企业应提请司法机关依法追究刑事责任。

依据《供电营业规则》第一百零三条规定，窃电量按下列方法确定：

1. 在供电企业的供电设施上，擅自接线用电的，所窃电量按私接设备额定容量（千伏安视同千瓦）乘以实际使用时间计算确定；

2. 以其他行为窃电的，所窃电量按计费电能表标定电流值（对装有限流器的，按限流器整定电流值）所指的容量（千伏安视同千瓦）乘以实际窃用的时间计算确定。

窃电时间无法查明时，窃电日数至少以一百八十天计算，每日窃电时间：电力用户按 12 小时计算；照明用户按 6 小时计算。

五、案件点评

本案例窃电用户采用表盘后私接火线分流窃电，窃电方式表现为电能表显示火线电流与实测一致，私搭线路用电时零火线不平衡。该窃电行为符合窃电具备的四要件：（1）主体要件：用户，包括个人和单位。（2）主观方面要件：故意。（3）客观要件：供用电正常秩序。窃电行为破坏了正常的供用电秩序。（4）客观方面要件：窃电行为（采取秘密窃取的方式）。其属于《供电营业规则》禁止的窃电行为。

用电检查人员现场检查时，可通过加大负荷判断嫌疑用户窃电行为。该窃电方式从其他户火线搭接，可以观察表箱内其他电能表零火线电流是否平衡进行判断。

案例三　墙壁缝隙有玄机，电量分析抓窃电

【案件基本情况概述】

某供电公司发现某台区线损异常，通过用电采集系统筛查该台区连续三天小电量用户，分析锁定窃电嫌疑用户，现场检查发现该用户绕过计量装置用电，属于擅自绕越用电计量装置用电的窃电行为。

一、事件起因

某供电公司发现某台区线损异常，用电检查人员通过用电采集系统，筛查连续三天小电量用户，发现某用户连续三天用

电量为零，经过走访了解此用户用电情况与用电量不符，存在窃电嫌疑。

二、检查经过

用电检查人员到达现场检查电能表、断路器接线正确，但拉开断路器后用户仍然有电。用电检查人员对线路进行排查，最终发现该用户在墙壁缝隙私接线，绕越电能表用电。用电检查人员对窃电现场进行了拍照取证，开具违约窃电通知书，该用户承认其窃电行为并签字确认。

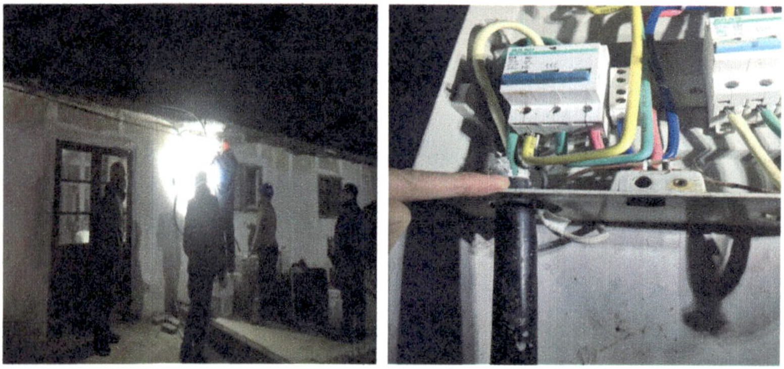

图 8-3-1　现场检查及窃电设备

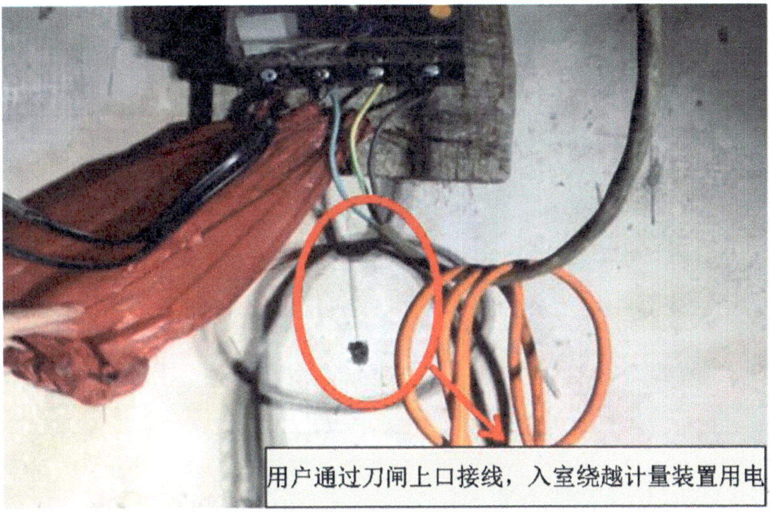

图 8-3-2　窃电设备（墙上面有洞，用塑料袋遮挡）

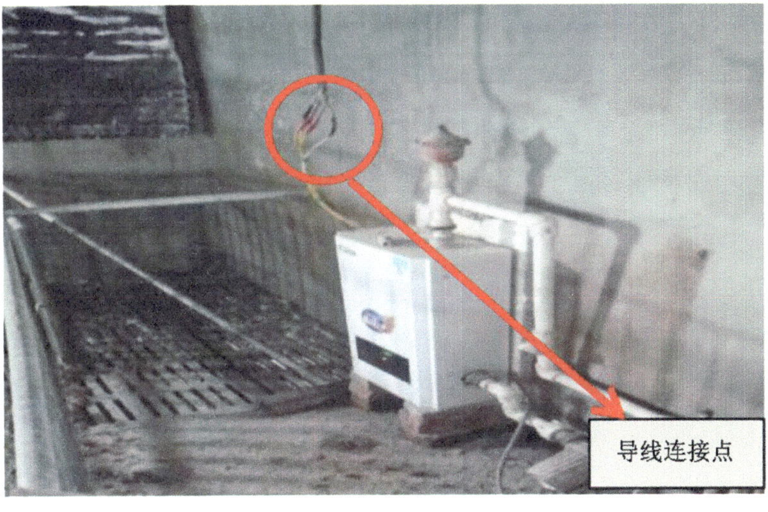

图 8-3-3　猪舍内用电设备

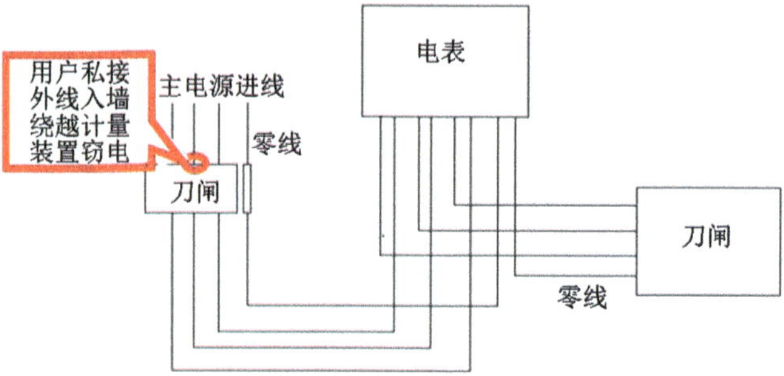

图 8-3-4　窃电电能表接线图

三、案件处理结果

供电公司对该用户追补电费及违约使用电费共计 0.4 万元。

四、处理依据

依据《供电营业规则》第一百零一条第二款规定，绕越供电企业用电计量装置用电。

依据《供电营业规则》第一百零二条规定，供电企业对查获的窃电者，应予制止并可当场中止供电。窃电者应按所窃电量补交电费，并承担补交电费三倍的违约使用电费。拒绝承担窃电责任的，供电企业应报请电力管理部门依法处理。窃电数额较大或情节严重的，供电企业应提请司法机关依法追究刑事责任。

五、案件点评

本案例窃电用户属于绕越计量装置用电的窃电行为，窃电方式表现为电能表显示电流与实测电流一致，但台区线损异常。该窃电行为符合窃电具备的四要件：（1）主体要件：用户，包括个人和单位。（2）主观方面要件：故意。（3）客观要件：供用电正常秩序。窃电行为破坏了正常的供用电秩序。（4）客观方面要件：窃电行为（采取秘密窃取的方式）。其属于《供电营业规则》禁止的窃电行为。

用电检查人员可充分运用营销业务应用系统及用电采集系统，通过用户用电特性逐一分析，锁定窃电嫌疑用户。用电检查人员现场检查要认真、严谨，防止窃电用户存在远端窃电的行为。

第九章　直接短接火线进出线

案例一　表前短接进出线，仪器锁定嫌疑户

【案件基本情况概述】

某供电公司某台区持续高损，线损率9%，通过安装台区线损监测分析仪，锁定了窃电嫌疑用户，现场检查发现该用户私自将火线的进出线合并进行窃电，属于绕越用电计量装置用电的窃电行为。

一、事件起因

某高损台区线损率一直为9%，用电检查人员在该台区安装台区线损监测分析仪，通过三天的监测数据分析发现某用户电能表长时间零电量且零火线不平衡，存在窃电嫌疑。

二、检查经过

用电检查人员现场检查发现该用户表箱铅封伪造，电能表火线进出线接通使用，用电检查人员联系用户并对窃电现场进

行了拍照取证，开具违约窃电通知书，该用户承认其窃电行为并签字确认。

图 9-1-1　窃电点照片

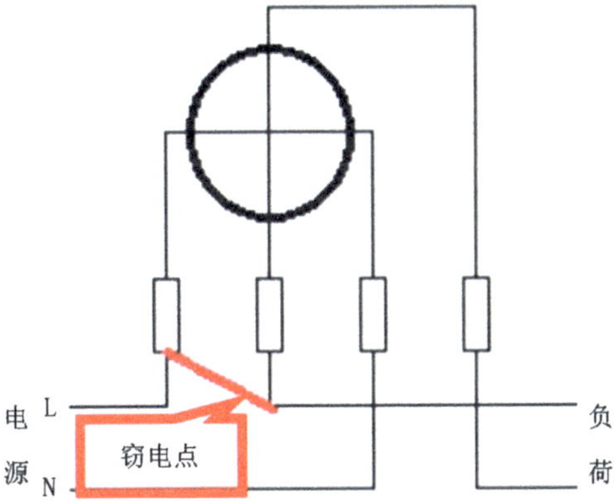

图 9-1-2　窃电电路图

三、案件处理结果

供电公司对该用户追补电费及违约使用电费共计 0.17 万元。

四、处理依据

依据《供电营业规则》第一百零一条第二款规定，绕越供电企业用电计量装置用电。

依据《供电营业规则》第一百零二条规定，供电企业对查获的窃电者，应予制止并可当场中止供电。窃电者应按所窃电量补交电费，并承担补交电费三倍的违约使用电费。拒绝承担窃电责任的，供电企业应报请电力管理部门依法处理。窃电数额较大或情节严重的，供电企业应提请司法机关依法追究刑事责任。

五、案件点评

本案例窃电用户采用短接电能表火线进出线窃电，窃电方式表现为单相电能表火线显示与实测电流不一致，零火线电流不平衡。该窃电行为符合窃电具备的四要件：（1）主体要件：用户，包括个人和单位。（2）主观方面要件：故意。（3）客观要件：供用电正常秩序。窃电行为破坏了正常的供用电秩序。（4）客观方面要件：窃电行为（采取秘密窃取的方式）。其属于《供电营业规则》禁止的窃电行为。

用电检查人员可运用营销业务应用系统及用电采集系统，分析用户零火线电流及用户电量，锁定窃电嫌疑用户。

第十章　U 型环短接窃电

案例一　U 型环窃电藏侥幸，零火不平查嫌疑

【案件基本情况概述】

某供电公司开展高损台区治理工作，通过用电采集系统发现某用户零火线电流不平衡，现场核查发现该用户使用 U 型环短接电能表火线，属于故意使用电计量装置不准或失效的窃电行为。

一、事件起因

某供电公司对某高损台区开展治理工作，根据用电采集系统数据分析，发现某用户电能表存在零火线电流不平衡的现象，且最近每月用电量很少，存在窃电嫌疑。

二、检查经过

用电检查人员现场检查发现表箱封印被破坏，电能表表封完整无损坏，电能表显示零线电流为 10A、火线电流为 4A，

钳形电流表实测火线电流为 10A，与显示电流不一致；联系用户到场，检查发现表尾用 U 型导线将电能表火线进出线连接，导致电能表少计电量。用电检查人员对窃电现场进行了拍照取证，开具违约窃电通知书，该用户承认其窃电行为并签字确认。

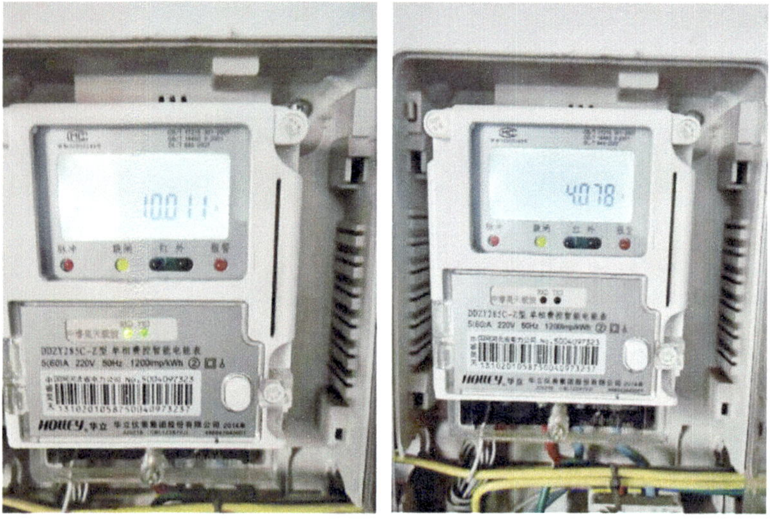

图 10-2-1　表计显示零火线电流

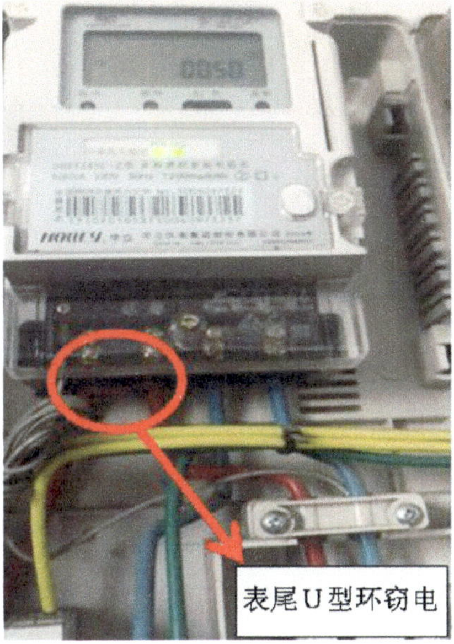

图 10-2-2　窃电设备

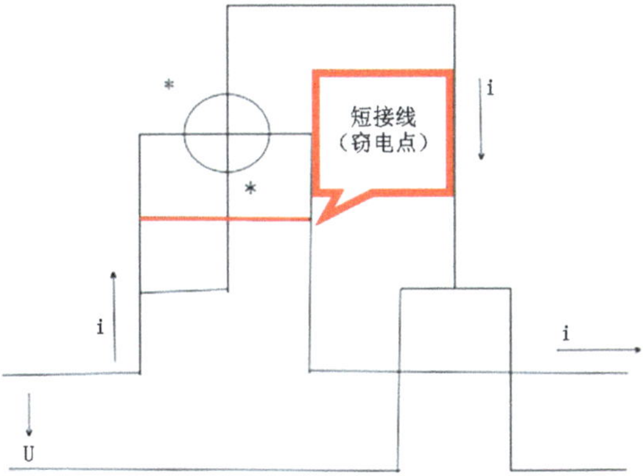

图 10-2-3　窃电电路图

三、案件处理结果

供电公司对该用户追补电费及违约使用电费共计 0.42 万元。

四、处理依据

依据《供电营业规则》第一百零一条第三款规定，伪造或者开启供电企业加封的用电计量装置封印用电。

依据《供电营业规则》第一百零一条第四款规定，故意损坏供电企业用电计量装置。

依据《供电营业规则》第一百零一条第五款规定，故意使供电企业用电计量装置不准或者失效。

依据《供电营业规则》第一百零二条规定，供电企业对查获的窃电者，应予制止并可当场中止供电。窃电者应按所窃电量补交电费，并承担补交电费三倍的违约使用电费。拒绝承担窃电责任的，供电企业应报请电力管理部门依法处理。窃电数额较大或情节严重的，供电企业应提请司法机关依法追究刑事责任。

五、案件点评

本案例窃电用户采用导线短接电能表火线进出线分流窃电，窃电方式表现为单相电能表显示与实测火线电流不一致，零火线电流不平衡，不需破坏电能表封印。该窃电行为符合窃电具备的四要件：（1）主体要件：用户，包括个人和单位。（2）主观方面要件：故意。（3）客观要件：供用电正常秩序。窃电行为破坏了正常的供用电秩序。（4）客观方面要件：窃电行为（采取秘密窃取的方式）。其属于《供电营业规则》禁止的窃电行为。

用电检查人员可运用营销业务应用系统及用电采集系统，分析用户零火线电流及用户电量，锁定窃电嫌疑用户。由于进线口、出线口出自然光线暗淡，窃电用户将导线制作成“U”型，巧妙贴合在电能表边缘，不易被察觉，用电检查人员现场检查要认真、仔细查看火线进出线口。

案例二　A，C相短接难发现，双管齐下抓窃电

【案件基本情况概述】

某供电公司治理某10kV高损线路，通过用电采集系统发现某用户A，C相电流不平衡，存在窃电嫌疑，用电检查人员现场检查发现该用户在接线盒进线端用导线短接A，C相电流，属于故意使供电企业用电计量装置不准的窃电行为。

一、事件起因

某供电公司用电检查人员检查某10kV高损线路，通过用电采集系统发现某用户近期电流差异较大，A，C相电流间断出现电流不平衡，查看历史电量发现波动较大，不符合正常用电规律，存在窃电嫌疑。

二、检查经过

用电检查人员联系用户配合检查，发现计量箱锁封被剪

断，电能表和接线盒封印完好，接线盒进出线电流相差较大，接线盒进线端A，C相分别用铜线短接，用电检查人员对窃电现场进行了拍照取证，开具违约窃电通知书，该用户承认其窃电行为并签字确认。

图 10-3-1　计量装置及窃电设备

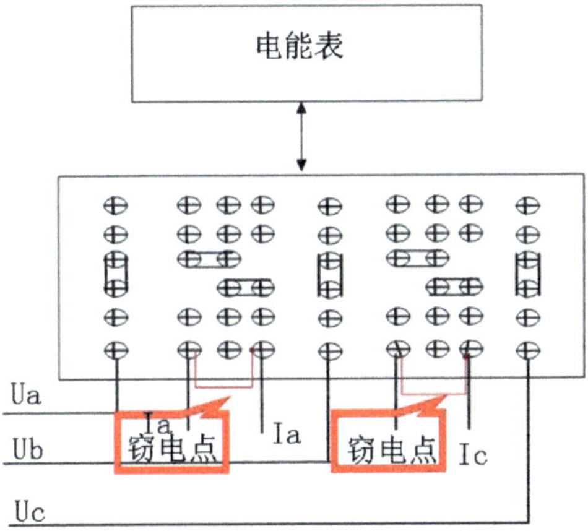

图 10-3-2　窃电电路图

三、案件处理结果

供电公司对该用户追补电费及违约使用电费共计 14.94 万元。

四、处理依据

依据《供电营业规则》第一百零一条第三款规定，伪造或者开启供电企业加封的用电计量装置封印用电。

依据《供电营业规则》第一百零一条第四款规定，故意损坏供电企业用电计量装置。

依据《供电营业规则》第一百零一条第五款规定，故意使供电企业用电计量装置不准或者失效。

依据《供电营业规则》第一百零二条规定，供电企业对查获的窃电者，应予制止并可当场中止供电。窃电者应按所窃电量补交电费，并承担补交电费三倍的违约使用电费。拒绝承担窃电责任的，供电企业应报请电力管理部门依法处理。窃电数额较大或情节严重的，供电企业应提请司法机关依法追究刑事责任。

五、案件点评

本案例窃电用户采用导线分别短接接线盒A，C相电流分流窃电，窃电方式表现为接线盒A，C相电流与电能表显示不一致。该窃电行为符合窃电具备的四要件：（1）主体要件：用户，包括个人和单位。（2）主观方面要件：故意。（3）客观要件：供用电正常秩序。窃电行为破坏了正常的供用电秩序。（4）客观方面要件：窃电行为（采取秘密窃取的方式）。其属于《供电营业规则》禁止的窃电行为。

用电检查人员可运用营销业务应用系统及用电采集系统，分析用户A，C相电流曲线、线损曲线、用户电量曲线，锁定窃电嫌疑用户。现场检查要认真、仔细，需分段测量电能表进线、接线盒进线电流，确定窃电位置。

案例三　窃电手段真是强，信息共享始重要

【案件基本情况概述】

某供电公司治理某10kV高损线路，通过用电采集系统对用户负荷波动分析，锁定窃电嫌疑用户，现场检查发现该用户

短接接线端子盒A，C相电流，属于故意使用电计量装置不准或者失效的窃电行为。

一、事件起因

某供电公司开展高损线路治理，发现某10kV线路线损率为9%。用电检查人员使用用电采集系统分析发现某用户自2018年10月9日22:00开始负荷突然变小，至2018年10月10日8:00负荷恢复正常，呈现出8:00至12:00用电负荷大，12:00至14:00用电负荷小，14:00以后又恢复，至17:00又变小的情况，该状况持续至2018年11月9日，其间有某一天连续24小时小负荷的情况，自2018年11月中旬至2019年3月12日为小负荷用电，随机调取2018年8月8日、8月11日电流、电压、功率曲线，负荷波动较大，与实际用电负荷情况不符，存在窃电嫌疑。

二、检查经过

用电检查人员分两组对该用户检查，一组正常开展入户用电检查，另一组对用电计量装置录像，防止现场被破坏。用电检查人员检查发现计量箱封印完好，计量箱下有不明导线悬挂，电能表封、接线盒封完好；该导线通过计量箱下端接入接线盒短接A，C相电流窃电。用电检查人员报请公安机关到达现场，对窃电现场进行了拍照取证，开具违约窃电通知书，该用户承认其窃电行为并签字确认。同时供电公司向司法鉴定机构申请出具司法鉴定报告。

图 10-4-1　现场窃电情况

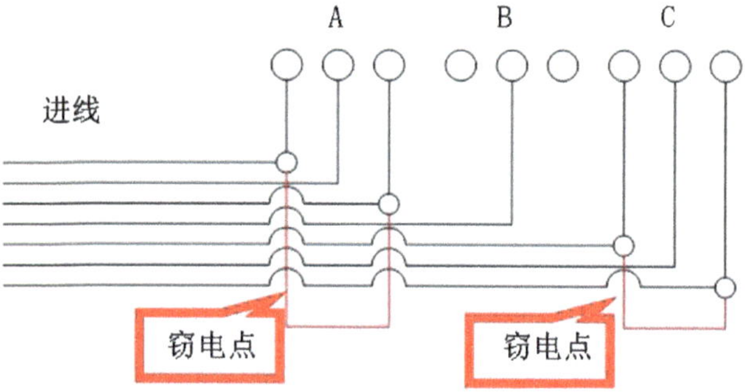

图 10-4-2　窃电电路图

三、案件处理结果

供电公司依据司法鉴定机构出具的《司法鉴定报告》，判定该用户窃电金额为 79.22 万元，并将窃电材料报送至区刑警队立案处理。

四、处理依据

依据《供电营业规则》第一百零一条第五款规定，故意使供电企业用电计量装置不准或者失效。

依据《供电营业规则》第一百零二条规定，供电企业对查获的窃电者，应予制止并可当场中止供电。窃电者应按所窃电量补交电费，并承担补交电费三倍的违约使用电费。拒绝承担窃电责任的，供电企业应报请电力管理部门依法处理。窃电数额较大或情节严重的，供电企业应提请司法机关依法追究刑事责任。

《电力法》第七十一条规定，盗窃电能的，由电力管理部门责令停止违法行为，追缴电费并处以应交电费五倍以下的罚款；构成犯罪的，依照刑法有关规定追究刑事责任。

依据《刑法》第二百六十四条规定，盗窃公私财物，数额较大的，或者多次盗窃、入户盗窃、携带凶器盗窃、扒窃的，处三年以下有期徒刑、拘役或者管制，并处或者单处罚金；数额巨大或者有其他严重情节的，处三年以上十年以下有期徒刑，并处罚金；数额特别巨大或者有其他特别严重情节的，处十年以上有期徒刑或者无期徒刑，并处罚金或者没收财产。

依据《刑法》第二百六十五条规定，以牟利为目的，盗接他人通信线路、复制他人电信码号或者明知是盗接、复制的电信设备、设施而使用的，依照本法第二百六十四条的规定定罪处罚。

五、案件点评

本案例窃电用户采用导线分别短接段子接线盒 A，C 相电流分流窃电，属于故意使计量装置不准或失效的窃电行为。该窃电方式表现为接线盒 A，C 相电流与电能表显示不一致。该窃电行为符合窃电具备的四要件：(1) 主体要件：用户，包括个人和单位。(2) 主观方面要件：故意。(3) 客观要件：供用电正常秩序。窃电行为破坏了正常的供用电秩序。(4) 客观方面要件：窃电行为（采取秘密窃取的方式)。其属于《供电营业规则》禁止的窃电行为。

用电检查人员可运用营销业务应用系统及用电采集系统，分析用户 A，C 项电流曲线、线损曲线、用户电量曲线，锁定窃电嫌疑用户。积极与公安机关、司法机关联合打击窃电行为。

案例四　电表打孔短接线，现场查窃应仔细

【案件基本情况概述】

某供电公司开展某台区线损治理工作，通过用电采集系统对该台区日、月线损数据进行监测分析，锁定两个窃电嫌疑户，现场检查发现用户在电能表背面打孔并用铜线短接火线窃电，属于故意使供电企业用电计量装置不准或者失效的窃电行为。

一、事件起因

某供电公司开展台区线损治理工作，通过用电采集系统对台区日、月线损数据监测，发现某台区在 7 月份月线损率在 7.47%，日线损率从 2019 年 8 月 19 日开始在 7%—10%区间波动。

用电检查人员根据用电采集系统的数据监测结果，对该台区开展供、售侧数据进行分析，未发现关口计量点数据异常，通过透抄台区用户零火电流，发现两用户存在零火线不平衡现象，零线电流10A高于火线电流1A，存在窃电嫌疑。

二、检查经过

用电检查人员现场检查发现电能表外观、表壳完整无缺损、无变形，电能表接线正确，不存在接线松动或绕越电能表用电的情况；实测火线电流10A与电能表显示电流1A存在较大差异，拆表检查发现电能表背面打孔并用铜线短接火线窃电，两户窃电手法相同。用电检查人员对窃电现场进行了拍照取证，开具违约窃电通知书，两户承认其窃电行为并签字确认。

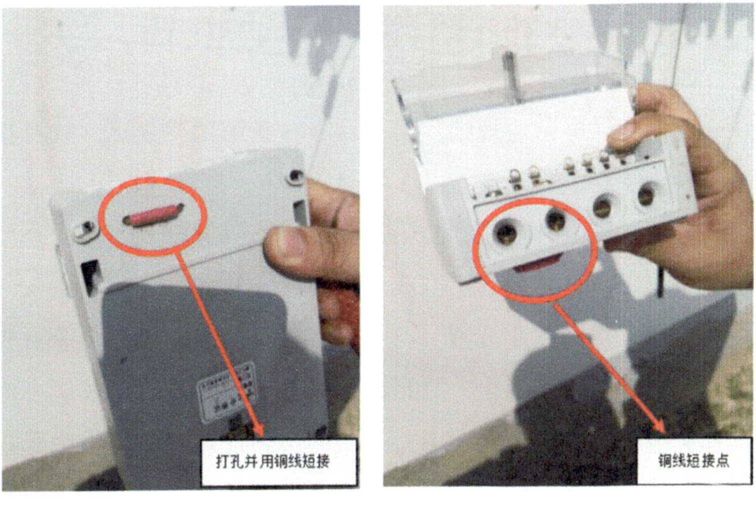

图10-5-1　窃电设备

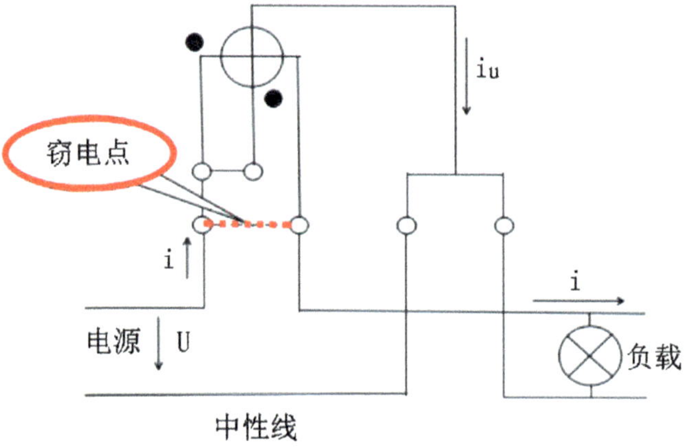

图 10-5-2　窃电电路图

三、案件处理结果

供电公司对两户追补电费及违约使用电费共计 1.4 万元。

四、处理依据

依据《供电营业规则》第一百零一条第四款规定，故意损坏供电企业用电计量装置。

依据《供电营业规则》第一百零一条第五款规定，故意使供电企业用电计量装置不准或者失效。

依据《供电营业规则》第一百零二条规定，供电企业对查获的窃电者，应予制止并可当场中止供电。窃电者应按所窃电量补交电费，并承担补交电费三倍的违约使用电费。拒绝承担窃电责任的，供电企业应报请电力管理部门依法处理。窃电数额较大或情节严重的，供电企业应提请司法机关依法追究刑事责任。

五、案件点评

本案例窃电用户采用电能表背面打孔短接火线分流窃电，窃电方式表现为单相电能表零火线电流不平衡，电能表侧面合格封印及接线正常，不拆表检查很难发现异常。该窃电行为符合窃电具备的四要件：（1）主体要件：用户，包括个人和单位。（2）主观方面要件：故意。（3）客观要件：供用电正常秩序。窃电行为破坏了正常的供用电秩序。（4）客观方面要件：窃电行为（采取秘密窃取的方式）。其属于《供电营业规则》禁止的窃电行为。

用电检查人员可运用营销业务应用系统及用电采集系统，分析用户零火线电流及用户电量，锁定窃电嫌疑用户。此外，用电检查人员现场检查要认真、仔细查看火线进出线及电能表外观的完整性。